人机工程学

（第二版）

曹祥哲 编著

Ergonomics(Second Edition)

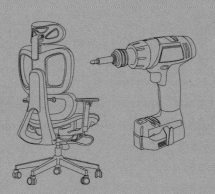

Design

清华大学出版社

北京

内容简介

人机工程学是部分设计类专业学生的必修课程。本书主要讲解人机工程学的基础知识，以及各种形式的人机工程设计的基本内容、原理和方法。

本书共分 7 章，包括人机工程学基础、人的感知系统、人体尺寸与数据采集、室内空间中的人机参数与人体姿势、人的认知心理、人机操纵装置设计、人机系统与交互设计。每章内容都以基础理论为线索详细展开，利用框架图说明，并结合大量的产品设计案例进行解析，使读者能够全面掌握所讲知识点。

本书结构合理，内容丰富，可作为高等院校产品设计、工业设计、环境设计、机械设计制造及其自动化、智能交互设计等专业的教材，也可作为广大工业产品设计从业人员的参考书。

图书在版编目 (CIP) 数据

人机工程学 / 曹祥哲编著. —2 版. —北京：清华大学出版社，2023.12
高等院校产品设计专业系列教材
ISBN 978-7-302-64846-8

Ⅰ.①人… Ⅱ.①曹… Ⅲ.①工效学—高等学校—教材 Ⅳ.①TB18

中国国家版本馆 CIP 数据核字 (2023) 第 195163 号

责任编辑：李　磊
装帧设计：陈　侃
版式设计：孔祥峰
责任校对：马遥遥
责任印制：沈　露

出版发行：清华大学出版社
　　　　　网　　　址：https://www.tup.com.cn，https://www.wqxuetang.com
　　　　　地　　　址：北京清华大学学研大厦A座　　　　邮　　编：100084
　　　　　社　总　机：010-83470000　　　　　　　　　邮　　购：010-62786544
　　　　　投稿与读者服务：010-62776969，c-service@tup.tsinghua.edu.cn
　　　　　质　量　反　馈：010-62772015，zhiliang@tup.tsinghua.edu.cn
印　装　者：三河市龙大印装有限公司
经　　销：全国新华书店
开　　本：185mm×260mm　　　印　　张：10　　　字　　数：243千字
版　　次：2018年3月第1版　　2023年12月第2版　　印　　次：2023年12月第1次印刷
定　　价：59.80元

产品编号：102036-01

编委会

序

设计，时时事事处处都伴随着我们，我们身边的每一件物品都被有意或无意地设计过或设计着，离开设计的生活是不可想象的。

2012年，中华人民共和国教育部修订的本科教学目录中新增了"艺术学—设计学类—产品设计"专业，该专业虽然设立时间较晚，但发展趋势非常迅猛。

从2012年的"普通高等学校本科专业目录新旧专业对照表"中，我们不难发现产品设计专业与传统的工业设计专业有着非常密切的关系，新目录中的"产品设计"对应旧目录中的"艺术设计(部分)""工业设计(部分)"，从中也可以看出艺术学下开设的"产品设计专业"与工学下开设的"工业设计专业"之间的渊源。

因此，我们在学习产品设计前就不得不重点回溯工业设计。工业设计起源于欧洲，有超过百年的发展历史，随着人类社会的不断发展，工业设计也发生了翻天覆地的变化：设计对象从实体的物慢慢过渡到虚拟的物和事，设计方法越来越丰富，设计的边界越来越模糊和虚化。可见，从语源学的视角且在不同的语境下厘清设计、工业设计、产品设计等相关概念，并结合对围绕着我们的"被设计"的事、物和现象的观察，无疑可以帮助我们更深刻地理解工业设计的内涵。工业设计的综合性、交叉性和边缘性决定了其外延是广泛的，从艺术、文化、经济和技术等不同的视角对工业设计进行解读或许可以更全面地还原工业设计的本质，有利于人们进一步理解它。从时代性和地域性的视角对工业设计的历史进行解读并不仅仅是为了再现其发展的历程，更是为了探索工业设计发展的动力，并以此推动工业设计的进一步发展。人类基于经济、文化、技术、社会等宏观环境的创新，对产品的物理环境与空间环境的探索，对功能、结构、材料、形态、色彩、材质等产品固有属性及产品物质属性的思考，以及对人类自身的关注，都是工业设计不断发展的重要基础与动力。

工业设计百年的发展历程为人类社会的进步作出了哪些贡献？工业发达国家的发展历程表明，工业设计带来的创新，不但为社会积累了极大的财富，也为人类创造了更加美好的生活，更为经济的可持续发展提供了源源不断的动力。在这一发展进程中，工业设计教育也发挥着至关重要的作用。

随着我国经济结构的调整与转型，从"中国制造"走向"中国智造"已是大势所趋，这种巨变将需要大量具有创新设计和实践应用能力的工业设计人才。党的二十大报告为我国坚定推进教育高质量发展指出了明确的方向。艺术设计专业的教育工作应该深入贯彻落实党的二十大精神，不断创新、开拓进取，积极探索新时代基于数字化环境的教学和实践模式，实现艺术设计的可持续发展，培养具备全球视野、能够独立思考和具有实践探索能力的高素质人才。

未来，工业设计及教育，以及产品设计及教育在我国的经济、文化建设中将发挥越来越重要的作用。因此，如何构建具有创新驱动能力的产品设计人才培养体系，成为我国高校产品设计教育相关专业面临的重大挑战。党的二十大精神及相关要求，对于本系列教材的编写工作有着重要的指导意义，也进一步激励我们为促进世界文化多样性的发展作出积极的贡献。

由于产品设计与工业设计之间的渊源，且产品设计专业开设的时间相对较晚，针对产品设计专业编写的系列教材，在工业设计与艺术设计专业知识体系的基础上，应当展现产品设计的新理念、新潮流、新趋势。

本系列教材的出版适逢我院产品设计专业荣获"国家级一流专业建设单位"称号，我们从全新的视角诠释产品设计的本质与内涵，同时结合院校自身的资源优势，充分发挥院校专业人才培养的特色，并在此基础上建立符合时代发展要求的人才培养体系。我们也充分认识到，随着我国经济的转型及文化的发展，对产品设计人才的需求将不断增加，而产品设计人才的培养在服务国家经济、文化建设方面必将起到非常重要的作用。

结合国家级一流专业建设目标，通过教材建设促进学科、专业体系健全发展，是高等院校专业建设的重点工作内容之一，本系列教材的出版目的也在于此。本系列教材有两大特色：第一，强化人文、科学素养，注重中国传统文化的传承，吸收世界多元文化，注重启发学生的创意思维能力，以培养具有国际化视野的创新与应用型设计人才为目标；第二，坚持"科学与艺术相融合、创新与应用相结合"，以学、研、产、用一体化的教学改革为依托，积极探索国家级一流专业的教学体系、教学模式与教学方法。教材中的内容强调产品设计的创新性与应用性，增强学生的创新实践能力与服务社会能力，进一步凸显了艺术院校背景下的专业办学特色。

相信此系列教材的出版对产品设计专业的在校学生、教师，以及产品设计工作者等均有学习与借鉴作用。

天津美术学院国家级一流专业(产品设计)建设单位负责人、教授

前 言

一项优秀的设计必然是人、环境、技术、经济与文化等因素巧妙平衡的产物。因此，要求设计师有能力在各种制约因素中找到一个最佳平衡点。判断最佳平衡点的标准，就是在设计中坚持"以人为本"的原则。具体表现在各项设计中均应以人为主线，将人机工程学规范贯穿于设计的全过程，并且在设计全过程的各个阶段，都有必要进行人机工程学研究与分析，以确保一切设计物都能符合人的特性，从而使其功能满足人的需求，因此，人机工程学被视为重要的知识与评判设计的标准，这也是专业学子与专业人士面对的重要课题。

人机工程学现今已是很多设计类专业的基础课程，学习这门课程可理解并且深切地感悟人机工程学与各个设计专业的关联性。设计者在设计过程中要充分考虑人、所设计的人造物及其所处环境的协调及统一，尽量满足使用者的舒适和安全要求。随着人类生活机械化、自动化、信息化、网络化和交互化的高速发展，人的因素在设计与生产中的影响越来越大，人机和谐发展的问题也就显得越来越重要，人机工程学这门课程在设计教学及实际应用中的地位与作用也愈显出其重要性。

党的二十大报告为我国坚定推进教育高质量发展指出了明确的方向。在此背景下，本系列教材编写组以"加快推进教育现代化，建设教育强国，办好人民满意的教育"为目标，以"强化现代化建设人才支撑"为动力，以"为实现中华民族伟大复兴贡献教育力量"为指引，进行了满足新时代新需求的创新性编写尝试。

在这样的背景下，本书从专业的角度，系统地阐述了人机工程学的各项知识。从人机工程学的定义、概念、发展脉络，以及应用人体测量学、人体力学、劳动生理学、劳动心理学等方面，对人体结构特征和机能特征进行研究，提供人体各部分的尺寸、重量、体表面积、比重、重心，以及人体各部分在活动时的相互关系和可及范围等人体结构特征参数；提供人体各部分的出力范围、活动范围、动作速度、动作频率、重心变化，以及动作时的习惯等人体机能特征参数；分析人的视觉、听觉、触觉，以及肤觉等感觉器官的机能特性；分析人在各种劳动时的生理变化、能量消耗、疲劳机理，以及人对各种劳动负荷的适应能力；探讨人在工作和生活中影响生理状态的因素和心理因素。

本书力求体现工业设计、产品设计专业的特色及设计实践的基础特性，强调理论联系实际，包含编者在教学和实践活动中的思考与感悟，也结合了设计实践中的优秀成果，强调利用案例讲解理论观念。编者结合每一个理论观点，引入国内外经典的优秀设计作品进行解析。这些作品都是编者精心挑选的具有代表性的案例，既有国际大师的作品，也有国产自主品牌和本土优秀设计等。编者针对每一件作品都进行了详细解读，使读者在精彩、丰富的案例解析中领悟产品人机工程学的相关知识点，从而轻松掌握人机工程学的新观念、新思路、新方法和新技巧，了解产品人机工程学设计所必须具备的知识与素养，从而为成为一名优秀的产品设计师打下坚实的基础。

本书共分 7 章，每章都以基础理论为线索详细展开，利用框架图说明，使读者能够全面掌握所讲知识点。

第 1 章　人机工程学基础，内容涉及人机工程学的概念、发展、分类和要素等，详细阐述人机工程学课程的基本概要，并利用案例充分解析。

第 2 章　人的感知系统，内容涉及人的感觉定义与特点、人的知觉定义与特点、人的视觉定义与特点、听觉机能及其特点、嗅觉与味觉的特点，并引用大量的案例分析。

第 3 章　人体尺寸与数据采集，内容涉及人体测量学的由来与发展、人体测量的作用，以及人体测量的内容、工具与方法等知识，同时利用案例分析，掌握人体测量的应用知识。

第 4 章　室内空间中的人机参数与人体姿势，内容涉及各类室内空间设计原则和参数应用，并结合大量产品设计案例进行充分解析。

第 5 章　人的认知心理，内容涉及认知的定义、特性，以及人的心理模型等知识，并结合大量产品设计案例进行充分解析。

第 6 章　人机操纵装置设计，内容涉及产品设计中的各类操纵装置，并结合大量产品设计案例进行充分解析。

第 7 章　人机系统与交互设计，内容涉及人机系统的概念、分类、重要性，以及人机交互设计等知识，并结合大量产品设计案例进行充分解析。

为便于学生学习和教师开展教学工作，本书提供立体化教学资源，包括PPT课件、教学大纲、教案等。读者可扫描右侧的二维码，将文件推送到自己的邮箱后下载获取。

本书由曹祥哲编著。由于书中涉及的跨专业知识较多，加之编者水平所限，书中难免有疏漏和不足之处，恳请广大读者批评指正，提出宝贵的意见和建议。

编　者

目 录

第1章

人机工程学基础

主要内容： 本章主要讲解人机工程学的概念、发展、分类、要素、研究内容和研究方法，以及人机工程学与工业设计、室内设计的关系等。

教学目标： 掌握人机工程学的概念、发展、分类，以及适用领域等基础知识。

学习要点： 学习人机工程学的概念、发展、分类、要素等知识点。

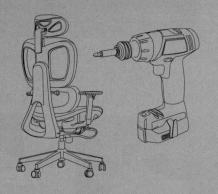

Product Design

1.1 人机工程学的概念

人机工程学是一门研究人、机器及工作环境之间相互作用的学科。它是20世纪40年代后期发展起来的，经历了不同的发展阶段，跨越了不同的学科领域，应用多种学科原理、理念、方法和数据，不断完善自身观念、研究方法、技术标准和科学体系，从而成为一门极为重要的交叉学科。

我们每天使用的产品、接触的环境等都离不开人机工程学，它已被广泛运用到产品设计、室内环境设计、服装设计等众多领域，如图1-1至图1-6所示。

图1-1　宝马汽车空气动力学测试

图1-2　宝马概念车展示现场

图1-3　电动工具设计

图1-4　电吹风机设计

图1-5　生活用品设计

图1-6　家居用品设计

人机工程学既有学科名称多样化、学科定义不统一的特点，又有与其他新兴边缘学科共有的学科边界模糊、学科内容综合性强、学科知识多样化、学科应用范围广等特点，如图1-7所示。

在旧版的《辞海》中，人机工程学的定义是：人机工程学是一门新兴的综合性学科，它运用人体测量学、生理学、心理学、生物力学和工程学等学科的研究手段和方法，综合地对人体结构、功能、心理和力学等问题进行研究。通过设计使机械、仪器和控制装置发挥出最大的功效，并研究控制台上各个仪表的最适位置。

国际工效学联合会(International Ergonomics Association，IEA)为该学科所下的定义是：人机工程学是研究人在某种工作环境中的解剖学、生理学和心理学等方面的各种因素；研究人、机器及环境的相互作用；研究人在工作中、家庭生活中和休假时怎样统一考虑工作效率、健康、安全和舒适等问题的学科。图1-8为人机工程学需要研究的学科示意图。

图1-7　人机工程学特点示意图

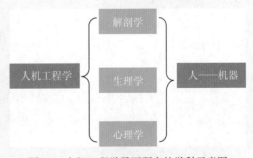

图1-8　人机工程学需要研究的学科示意图

2000年8月，国际工效学联合会发布了人机工程学新的定义：人机工程学是研究系统中的人与其他组成部分的交互关系的一门学科，并运用其理论、原理、数据和方法进行设计，以优化系统的工效和人的健康、幸福之间的关系。这种研究是建立在科学实验的方法之上的，是系统的分析、实验、研究和对因果关系的假设和验证。研究的对象是系统中的人与其他部分，也就是器物和环境之间的交互关系。人机工程专家旨在设计和优化任务、工作、产品、环境和系统之间的关系，使之满足人们的需要、能力和限度。

通过以上国内外的多种定义，我们可以看出，尽管对人机工程学所下的定义不尽相同，但它们的核心思想是一致的。

(1) 人机工程学研究的是"人—机—环境"系统中的人、机、环境三要素之间的关系。

(2) 人机工程学研究的目的，是使人们在工程技术和工作生活中能够顺利、舒适、安全、愉快地使用产品，使人、机器、环境得到合理的配合，达到合理的人机匹配，实现系统中人和机器的效能统一、合理，以达到高效、安全、健康和舒适的最优化结果。

如图1-9和图1-10所示，图中显示的是产品使用与人、环境的关系，也就是人在不同环境背景下如何舒适地操作产品；图1-11为人机系统示意图。

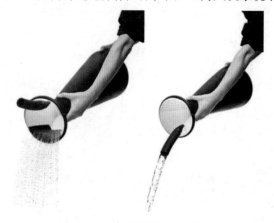

图1-9　人使用产品的场景分析

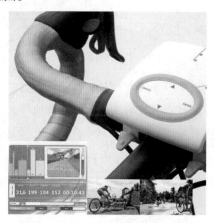

图1-10　人、产品及环境的场景分析

图1-11　人机系统示意图

总之，人机工程学以追求人类和技术完美和谐为目标，将人类的需求和能力置于设计技术体系的核心位置，为产品、环境及系统的设计提供科学数据。

1.2　人机工程学的发展

英国是全球最早进行人机工程学研究的国家之一，但该学科的基础确立与长期发展是在美国完成的。所以，人机工程学一直有着"起源于英国，形成于美国"之说，最终影响全世界。虽然该学科的起源可追溯到20世纪初期，但成为一门独立学科只有数十年的历史。该学科在形成与发展的过程中大致可归纳为三个阶段。图1-12中概括了人机工程学的发展历程及不同时期的名称和特点。

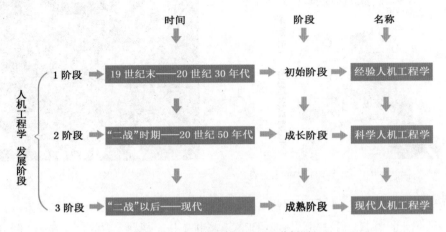

图1-12　人机工程学发展历程分析图

1.2.1　经验人机工程学——初始阶段

人机工程学是19世纪末20世纪初，在现代主义设计之后发展而来的。我们讨论它的起源应该有一个基本的时间界定，超出这个范畴的叙述有失准确，也容易对学科的研究产生误导。所以，我们要准确地以时间为线索，对它的发展进行研究。

在19世纪末，人们开始采用科学的方法研究人的能力与其所使用的工具之间的关系，从而进入了有意识地研究人机关系的新阶段。这一时期到第二次世界大战之前称为经验人机工程学，也可以视其为初始发展阶段。

1. 传统机器对人的影响

经过19世纪的工业革命，机械化生产代替了传统手工业制造以后，机械操作成为比手工劳作更有效的生产方式，机器的运转带动着人的运转，并逐步形成了机器对人的强制作用。这一时期，人必须适应机器，这是一种很明确的主次关系。虽然人制造了机器，但是要配合机器工作。图1-13为在工业革命中，人们在拼命地工作。

图1-13　工业革命中人们的工作状态

人在这种关系中的从属性，使其在整个机械化生产过程中与机器形成了一种对立的关系，人被机器或工具所牵制。图1-14和图1-15为著名影星查理·卓别林在电影《摩登时代》中夸张的表演，真实地反映了那个时期人与机器对立的矛盾性和复杂性，以及技术进步的同时，机器给人们带来的必须品尝的另一种"果实"。在这样的背景下，人们开始重新思考人与机器的关系。

图1-14 卓别林主演电影《摩登时代》的海报设计　　　　图1-15 电影中工人的工作场景

基于这样的背景，这一阶段人们开始主要研究人与工具的关系及人工的操作方法。例如，研究每一种职业的要求，通过测试来选用工人和安排工作，规划人力的合理方法，制订培训方案，使人力得到最佳发挥；研究优良的工作条件、管理形式，以及探讨劳动者与管理者的合理关系。

2. 泰勒——管理科学研究

在初始发展阶段具有重大贡献价值的学者首推科学管理的创始人，具有"科学管理之父"美誉的弗雷德里克•温斯洛•泰勒，如图1-16所示。他曾在米德维尔工厂工作，从一名学徒工开

始，先后被提拔为车间管理员、技师、小组长、工长、设计室主任和总工程师。在这家工厂的工作经历使他了解到工人们普遍怠工的现状，他认为缺乏有效的管理手段是阻碍生产效率提高的原因。为此，泰勒开始探索科学的管理方法和理论。他从"车床前的工人"开始进行研究，重点研究企业内部工人工作的效率。在他的管理生涯中，他不断在工厂实地进行实验，系统地研究和分析工人的操作方法和动作所花费的时间，逐渐形成其管理体系——科学管理。在他的主要著作《科学管理原理》中阐述的科学管理理论，使人们认识到了管理是一门建立在明确的法规、条文和原则之上的科学。泰

图1-16 泰勒的肖像

勒的科学管理主要有两大贡献：一是管理要走向科学；二是劳资双方的精神革命。

1) 科学的管理方法研究

泰勒曾提出了一些新的管理任务：第一，对工人操作的每个动作进行科学研究，用于替代陈旧的单凭经验的办法。第二，科学地挑选工人，并进行培训和管理，使之成长。第三，与工人的协作，以保证一切工作都按已发展起来的科学原则去完成。第四，劳资方和工人之间在工作和职责上几乎是均分的，劳资方把自己比工人更胜任的那部分工作承揽下来；而在过去，几乎所有的工作和大部分的职责都被推到了工人的身上。

科学管理不仅是将科学化、标准化引入管理，更重要的是提出了实施科学管理的核心问题——精神革命。精神革命基于科学管理的思想，认为雇主和雇员双方的利益是一致的，因为对于雇主而言，追求的不仅是利润，更重要的是事业的发展，而事业的发展不仅会给雇员带来

较丰厚的工资，而且更意味着充分发挥其个人潜质，满足自我实现的需要。正是这种事业的观念使雇主和雇员联系在一起，当双方以友好合作、互相帮助来代替对抗和斗争时，就能通过双方共同的努力提高工作效率，产生比过去更大的价值，更可使雇主的利润得到增加，企业规模得到扩大，相应地也可使雇员工资提高，满意度增加。所以他在传统管理方法的基础上，提出了新的管理方法和理论，并制订了一整套以提高工作效率为目的的操作方法。这些研究看似与设计不太相关，但实际上也是一种设计——即规则的设计，它是从人的心理研究出发，通过制订规则来合理激发人的潜能并能够约束人的行为。

2) 著名的铁锹实验——研究人、机器、工具、材料及作业环境的标准化问题

泰勒研究了人与机器、材料及作业环境的标准化问题。他曾研究过铁锹的形状和重量，以及每次铲煤或矿石的最适当重量，从而设计出铁铲的最佳形状。他还对使用铁锹的操作方法进行了研究，取消了不合理的动作，制订出省力高效的操作方法和相应的工时定额，从而大大提高了工作效率。

1898年，泰勒受雇于伯利恒钢铁公司期间，进行了著名的"搬运生铁块实验"和"铁锹实验"。

搬运生铁块实验，是在这家公司的产品搬运班组中选取75名工人，通过对他们的劳动进行研究，培训了工人的技能，改进了操作方法，使生铁块的搬运效率提高了3倍。

铁锹实验，是指在材料能够达到标准负载的情况下，研究铁锹的形状、规格，以及各种原料装锹的最好方法。此外，泰勒还对每一套动作的精确时间进行了研究，从而总结出"一流工人"每天应该完成的工作量，这一研究结果非常具有科学价值。也正因为如此，工厂的劳动力从原来的400～600人减少为140人，平均每人每天的操作量从原来的16吨提高到59吨，每个工人的日工资从1.15美元提高到1.88美元，可见他的研究大大提高了工人的工作效率。图1-17为铁锹实验的示意图。

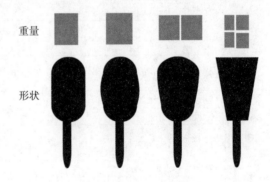

重量

形状

图1-17　铁锹实验的示意图

3. 吉尔布雷斯夫妇——动作研究

与泰勒同时代的吉尔布雷斯夫妇也开展了动作研究。弗兰克•吉尔布雷斯是一位工程师和管理学家，科学管理运动的先驱者之一，其突出成就主要表现在动作研究方面，他也被公认为"动作研究之父"。莉莲•吉尔布雷斯是弗兰克的妻子，她是一位心理学家和管理学家，是美国第一位获得心理学博士学位的女性，被人们称为"管理领域第一夫人"。吉尔布雷斯夫妇一起改进了泰勒的方法，如果说泰勒的方法被称为"工作研究"，那他们的方法则被称为"运动研究"。其差别在于，泰勒是基于生产线上对工人进行实验与分析；而吉尔布雷斯夫妇提出了"动素"的概念。他们把人的所有动作归纳成18个动素，如手腕运动称为一个动素，就可以把所有的作业分解成若干动素的总和。对每个动素做了定量研究之后，就可以分析每个作业需要用多少时间，这也被称作动作分析。

动作研究将作业动作分解为最小的分析单位，然后通过定性分析，找出最合理的动作，以使作业高效、省力和标准化。吉尔布雷斯夫妇通过对动作的分解研究发现，手的动作可以分为18种基本要素，如拿铅笔写字这一动作可以分解成18个基本要素：寻找、选择、抓取、移动、定位、装配、使用、拆卸、检验、放手、延迟(不可避免)、故延(可避免)、休息等。吉尔布雷斯将这些基本动作要素定义为动素，而动素是不可再分的。根据这些动作的不同"目的"，又可以将其分成如下三大类。

第一类：完成工作所必需的要素。

第二类：对第一类动作的辅助，会降低工作效率。

第三类：工作的停滞状态，包括必要的休息。

动作研究就是强调将作业者的眼、手、脚等身体动作分解为最小的分析单位，然后通过定性分析，找出最合理的动作。把"不必要"的动作删除，把"必要"的动作变为更"有效率"和"不易疲劳"的"经济性动作"，以使作业达到高效、省力和标准化的目的。减少第二类、第三类的动作，可以对第一类动作制订出更合理的次序和配合方案，以此设计出以最短的时间完成第一类动作的方案，见表1-1。

表1-1　各类动作分析

类别	基本要素名称	略号	记号	记号说明	范例
第一类	(1) 空手移动(transport empty)	TE	⌣	空盘的形状	伸手到铅笔处
	(2) 抓住(grasp)	G	∩	抓物手的形状	抓取铅笔
	(3) 负荷移动(transport loaded)	TL	⌣	盘上放置东西的形状	移动铅笔
	(4) 定位(position)	P	9	东西在手指头上的形状	决定写字的位置
	(5) 装配(assemble)	A	#	装配成井字形	为铅笔套上笔帽
	(6) 使用(use)	U	U	U形	写字
	(7) 分解(disassemble)	Da	⧛	装配后拿下部分的形状	拔下铅笔帽
	(8) 放手(release load)	RL	⌢	盘子倒放的形状	徒手放开铅笔
	(9) 检查(inspect)	I	0	凸镜头的形状	检查写字的好坏
第二类	(10) 搜索(search)	Sh	⬭	眼睛寻找东西的形状	寻找铅笔在何处
	(11) 寻找(find)	F	⬭	瞪着眼睛看的形状	细查标示对否
	(12) 选择(select)	St	→	选出来东西所指示的形状	从很多支笔中挑选出适当的铅笔
	(13) 计划(plan)	Pn	⏚	手扶住头的形状	想想怎么写
	(14) 预先定位(pre-position)	PP	8	镗孔机竖立的形状	调适容易写字的持笔姿势
第三类	(15) 握住(hold)	H	⏛	磁铁吸住铁片的形状	手握住笔不放
	(16) 休息(rest for over-coming fatigue)	R	⏛	人坐在椅子上的形状	疲劳而休息
	(17) 不可避免的延迟(unavoidable delay)	UD	⌒	人绊倒的形状	停电不能写字
	(18) 可避免的延迟(avoidable delay)	AD	⏛	人在睡眠的形状	看旁边不想写字

吉尔布雷斯提出了动作经济三法则：能以最少的劳力付出达到最大的工作效果，包括动作能活用原则、动作量节约原则和动作法改善原则。

此外，他们在1911年通过快速拍摄影片，详细记录了工人的操作动作，对其进行分析与研究，将工人的砌砖动作进行简化，使工人的砌砖速度由原来的120块/h提高到350块/h。泰勒和吉尔布雷斯夫妇所创立的时间与动作研究，对工人提高工作效率和减轻工作疲劳，至今仍有重要的意义。如图1-18所示，通过对人体跑步动作进行分析，可以提高运动效率。

Ⅰ.前腾空期　Ⅱ.中腾空期　Ⅲ.后腾空期　Ⅳ.前支撑期(后脚跟着地到过渡一半)　Ⅴ.后支撑期(从过渡一半到脚掌离地)

图1-18　对人体跑步动作的分析

4. 闵斯特贝尔格心理学的研究

从1912年开始，心理学家、美国哈佛大学心理学教授雨果·闵斯特贝尔格先后出版了《心理学与工作效率》《心理技术原理》等书，将当时心理学的研究成果与泰勒的科学方法联系起来进行研究，并提出了心理学在人们工作中的价值。这一阶段的研究重点是对心理学的研究，被称为应用实验心理学。

总体来讲，这一时期强调对机器原理的研究，以及如何将力学、电学、热力学等应用在产品中。在人机关系上以选择和培训操作者为主，提倡人要适应机器。

1.2.2　科学人机工程学——成长阶段

第二次世界大战期间，由于战争的需要，军事工业得到了飞速发展，武器装备变得空前庞大和复杂。此时，完全依靠选拔和训练人员，已经无法使人快速适应不断发展的新武器的效能要求，这也导致操作事故率大为增加。例如，由于战斗机座舱及仪表位置设计不当，使飞行员误读仪表和误用操纵器而导致意外事故；由于操作复杂、不灵活，以及不符合人的生理尺寸而造成战斗命中率低等现象经常发生。图1-19为第二次世界大战期间战斗机内部操控台的设计，仪表盘的设计相当烦琐，一旦操作失误，将导致严重的后果。

据统计，美国在第二次世界大战期间发生的飞行事故中，很大部分是由人为因素造成的。多次失败的教训

图1-19　第二次世界大战期间战斗机内部操控台设计

引起决策者和设计者的高度重视。设计者通过分析研究逐步认识到，"人的因素"在设计中是不容忽视的一个重要条件，只有当武器装备符合使用者的生理、心理特性和能力限度时，才能发挥其高效能，避免事故的发生；同时还认识到，要设计好一台高效能的装备，只有工程技术知识是不够的，还必须有生理学、心理学、人体测量学、生物力学等学科方面的知识。于是，人机关系的研究进入了一个新的阶段，即从"人适应机器"转入"机器要宜人"的阶段。

科学人机工程学一直延续到20世纪50年代末战争结束后，该学科的应用逐步从军事领域转入民用领域，人们也意识到工业设计与工程设计要集合工程技术人员、医学家、心理学家等不同领域的人员参加，集合多领域专业人士的智慧。

这一时期的人机工程学超出了心理学的范畴，更多的生理学家、工程技术人员参与学科的建设中，学科名称也被更名为"工程心理学"。这一阶段人机工程学的特点是要求机器适应人。

1.2.3 现代人机工程学——成熟阶段

第二次世界大战以后，欧美各国进入了经济全面增长的时期。科学技术的跨越性进步极大地促进了人机工程学的发展，特别是进入20世纪60年代，微电子技术的应用与普及，在为工业设计的成长提供强大动力的同时，也使人机工程学迈进了充满生机的成熟阶段。

1. 人机工程学应用范围的全面扩大

人机工程学的研究和实践从军事领域和实验室延伸到工业的各个领域，特别是转向民用产品中，如交通工具、医疗器械、生活家具、家用电器、儿童玩具等。人机工程学影响到人们日常生活的方方面面，民众开始接受人机工程学的思想和观念，企业开始重视运用人机工程技术来分析、设计和检验产品的宜人性，开始关注老人、儿童和残疾人等特殊人群的需要。人机工程学已经从生产领域扩展到生活领域，并取得了许多研究和运用成果。

2. 人机工程学理论进一步完善

由于系统论、信息论、控制论在这个时期的建立和探讨，对人机工程学的进一步发展产生了积极的影响。随着人机工程学涉及的研究和应用领域的不断扩大，从事本学科研究的专家所涉及的专业和学科也越来越多，主要有解剖学、生理学、心理学、工业卫生学、工业与工程设计、工作研究、建筑与照明工程、管理工程等专业领域。这个时期人机工程学已经形成完整的学科体系，将研究方向调整为：把人—机—环境几个因素作为一个统一的整体系统来研究，使人—机—环境之间的关系相协调，从而获得系统的最高综合效能，以此设计出最适合人操作的机械设备和作业环境，标志着人机工程学的研究已经进入高级阶段和成熟期。

综上所述，我们细心地研究人机工程学的发展脉络，其实可以看出其发展就是"人本"思想在工程设计和工业设计领域运用和发展的历史。研究人机工程学的起源和历史的重要性在于了解这门学科形成的原因、历史条件，以及所涉及的相关学科、学术思想和研究方法，以便从发展的角度更好地认识与理解人机工程学的本质和意义。

我们在回顾历史的境遇下，放眼当今，人口、资源、环境的危机使可持续发展的思想成为全球发展的共识，人们不得不重新审视人、机器、环境之间的关系，这也为人机工程学未来的发展指明了方向。图1-20和图1-21为早期的奔驰汽车设计，当时奔驰汽车的研发人员已经将人机工程学运用到汽车的形态设计中，我们可以看出，汽车的腰身设计、车门的开启方式都在体现人机工程学的思想。图1-22至图1-26为融入人机工程学原理的现代产品设计。

图1-20 运用人机工程学对 汽车造型进行研究1

图1-21 运用人机工程学对 汽车造型进行研究2

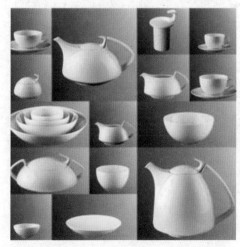

图1-22 符合人机工程学要求的茶具设计

图1-23 符合人机工程学要求的座椅设计

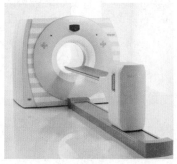

图1-24 符合人机工程学 要求的灯具设计

图1-25 符合人机工程学 要求的医疗产品设计

图1-26 符合人机工程学 要求的生活用品设计

1.3　人机工程学的分类

从工业设计的角度而言，人机工程学主要包括设备人机工程学和功能人机工程学，如图1-27所示。

图1-27　人机工程学的分类

1.3.1　设备人机工程学

设备人机工程学从解剖学和生理学角度，对不同民族、年龄、性别的人的身体各部位进行静态(身高、坐高、手长等)和动态(四肢活动范围等)的测量，得到基本的参数，作为设计中最根本的尺度依据。一般而言，静态的人体尺度要大于动态的人体尺度，在设计时应根据具体的情况来选择正确的人体尺度。例如，在设计公共汽车上的拉手时，就要考虑到人在抓拉手时手的状态，因此，其高度不应以人的指尖到脚底的距离为准，而应以人的掌心到脚底的尺度为准。

1.3.2　功能人机工程学

功能人机工程学通过研究人的知觉、智能、适应性等心理因素，研究人对环境刺激的承受力和反应能力，为创造舒适、美观、实用的生活环境提供科学依据。例如，环境的优劣直接影响到人们的活动能力与心情，人在过亮或过暗的照明条件下都不能获得良好的视觉效果；在过强的噪声或完全消除噪声的环境中，也不能高效率地工作。例如，有些公司经常会在办公室里播放一些轻松舒缓的背景音乐，就是出于这个道理。

1.4　人机工程学中的要素

人机工程学的特点是强调系统论与系统化、整体化的思想，即人机工程学是研究人—机—系统的学科，从系统的总体高度，研究人、机、环境及系统四个要素，并将它们看成一个相互作用、相互依存的系统。在人机工程学的研究中，要始终强调人机系统的理论，也就是说人、机、环境和系统是人机系统的四要素。

1. 人机工程学中的"人"

"人"的要素是指自然人。"人"也是我们设计的永恒主题，一切设计都是为了"人"。人是处于主体地位的决策者，也是实现产品功能的操作者或使用者，因此，人的心理特征、生理特征，以及机器、环境能否满足人的需求都是要研究的重要课题。人的效能是人机工程学研究的主要内容，主要是指人的作业效能，即人按照一定要求完成某项作业时所表现出的效率和成绩。一个人的效能取决于工作性质、工具、人的能力和工作方法，取决于人、机、环境三要素之间的关系是否得到妥善处理。在人机工程学中，人的效能更多的是指人的工作效率。

2. 人机工程学中的"机"

"机"是指机器，但其比一般技术术语的意义要广泛得多，包括人操纵和使用的一切物的总称，可以是机器，也可以是设施、工具、用具及一切相关产品等，可以理解为一切产品。因此，如何设计出满足人的生理与心理需求的产品，是人机工程学需要长久研究的重要课题。

3. 人机工程学中的"环境"

"环境"是指人和机器所处的整体环境，不仅指工作场所的声、光、空气、温度、振动等物理环境，还包括团体组织、奖惩制度、社会舆论、工作氛围、同事关系等社会环境。在人机工程学的研究中，更多的是指前者。

4. 人机工程学中的"系统"

"系统"是由相互作用、相互依赖的若干组成部分集合成的具有特定功能的有机整体，而这个"系统"本身又是它所从属的一个更大系统的组成部分。系统是人机工程学最重要的概念和思想。人—机—环境—系统是指由处于同一时间和空间的人与其所使用的机器及它们所处的周围环境所构成的系统，简称人机系统。人机系统可小至人与剪刀等手工工具，也可大至人与汽车，乃至人与宇宙飞船等。图1-28为人机系统示意图。

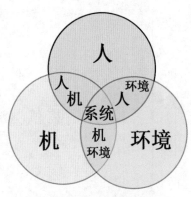

图1-28　人机系统示意图

1.5 人机工程学的研究内容

前面提到，人机工程学从不同的学科、不同的领域发展，逐渐面向更广泛的领域。在这一过程中，人们发现人机环境问题已成为人类生产和生活中普遍性的问题。虽然由于其发源地域的不同，导致了该学科名称长期的多样并存，但就其总体目标而言，"人机关系"和"人类工效的研究"是这个学科研究的核心内容。

一般来讲人机工程学研究应包括理论和实践两个方面，但是该学科研究的主体内容还是侧重于实践与应用。

由于各国工业基础及发展水平存在差异，对于学科研究方向的侧重点也各不相同，因此，不同国家对人机工程学的研究也存在差异。工业化发展相对落后的国家一般比较注重对人体测量、环境因素、作业强度和人的疲劳等方面的研究。在这些一般性问题解决的基础上，才逐渐转移到对人的感官知觉、运动特点、作业姿势等方面的研究，进而扩展到机器设备的操纵、显示设计、人机系统控制，以及人机工程学原理在各种工业与工程设计中应用等方面的研究；最终进入人机工程学研究的前沿领域，即人的特性模型、人机系统的定量描述、人与机器、人与环境、人与生态等方面的研究。人机工程学基本的研究内容可以归纳为以下几个方面。

1. 人体生理和心理特性的研究

人体特性研究的主要内容是工业产品造型设计和室内环境设计中与人体尺度有关的问题，

13

如人体基本形态特征与参数、人的感知特性、人的运动特性、人的行为特性，以及人在劳动中的心理活动和人为差错等。

该研究的目的是解决机器设备、工具、作业场所及各种用具的设计如何适应人的生理和心理特点，为操作者或使用者创造安全、舒适、健康、高效的工作环境。如图1-29所示，对人体动态尺寸进行研究与分析，以此设计出符合人体尺度的产品。如图1-30所示，对人手动作与握力的研究，针对手的不同姿态与不同握力的分析，可以为产品设计提供依据。

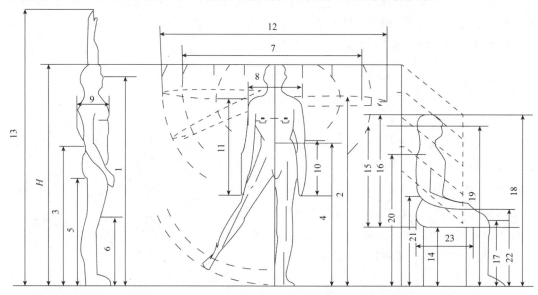

图1-29　人体动态尺寸研究

2. 人机系统一体化设计

在人机系统中，人是最活跃、最重要，也是最难控制和最脆弱的环节。任何机器设备都必须有人参与，因为机器是人设计、制造、安装、调试和使用的，即使在高度自动化生产过程中全部使用的是机器人，也都是人在进行操纵、监督和维修的。由此可见，在人机系统中，人与机器总是相互作用、相互配合和相互制约的，而人始终起着主导作用。统计资料表明，生产中58%～70%的事故与轻视人的因素有关，这一数字必须引起我们的重视。图1-31为人体与操作平台及空间的使用分析，通过模拟人体活动，分析出人体肢体运动轨迹与活动范围，得出最佳尺寸，以使人的操作与活动达到最佳状态，为产品设计和室内环境设计提供理论数据。

图1-30　人体手部动作与握力研究

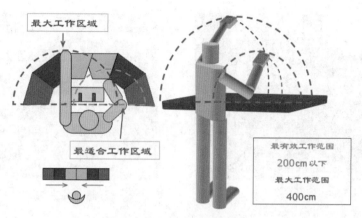

图1-31　人机系统一体化研究

3. 室内空间设计

室内空间包括工作场所和生活空间。工作场所设计得合理与否，将对人的工作效率产生直接的影响。工作场所设计一般包括：工作空间设计、座位设计、工作台或操作台设计，以及作业场所的总体布置等。这些设计都需要应用人体测量学和生物学等知识和数据。研究作业场所设计的目的是保证物质环境适合于人体的特点，使人以无害于健康的姿势从事劳动，既能高效地完成工作，又感到舒适，并不会过早产生疲劳。工作场所设计的合理性，对人的工作效率有直接影响，如图1-32至图1-36所示。

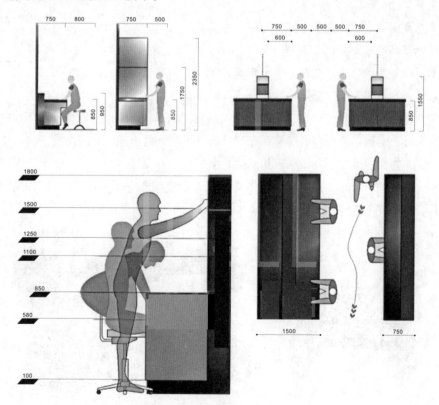

图1-32　室内空间人机关系与尺寸设计

图1-33 室内空间设计

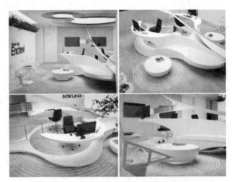

图1-34 室内空间的人机工程学设计

图1-35 驾驶空间的人机工程学设计

图1-36 汽车内部空间的人机工程学设计

4. 人机界面的设计

人与机器及环境之间的信息交流分为两个方面：显示器向人传递信息，控制器接收人发出的信息。显示器研究包括视觉显示器、听觉显示器，以及触觉显示器等各种类型显示器的设计，同时还要研究显示器的布置和组合等问题。

控制器设计则要研究各种操纵装置的形状、大小、位置及作用力等在人体解剖学、生物力学和心理学方面的问题。在设计时，还需考虑人的定向动作和习惯动作等要素。图1-37为一款游戏手柄的设计，对每一个按键的造型和布局都要考虑到人的生理与心理尺度，这样才能使人减少操作失误，提高准确率。如今进入信息化社会，产品人机界面也在发生变化，现代产品已经被虚拟界面所包围，因此，在图标设计中要更多地考虑人的心理感受，关于这些知识要点将在第6章与第7章中详细讲解。图1-38至图1-43为各种产品操控界面的设计。

图1-37 遥控手柄外形与操控界面设计

图1-38　显示装置设计1

图1-39　显示装置设计2

图1-40　娱乐设施操控界面设计

图1-41　汽车内部操控界面设计

图1-42　车载触摸式仪表盘操控界面设计

图1-43　手机操控界面设计

5. 环境控制和人身安全装置的设计

环境控制和人身安全装置的设计要研究人与机器及环境之间的信息交换过程，并探求人在各种操作环境中的工作效率问题。信息交换包括机器(显示装置)向人传递信息、机器(操控装置)接收人发出的信息，而且都必须适合人的使用。值得注意的是，人机工程学所要解决的重点不是这些装置的工程技术的具体设计问题，而是从适合于人使用的角度出发，向设计人员提出具体要求，如怎样保证仪表让操作者看得清楚、读数迅速准确，怎样设计操控装置才能使人操作起来得心应手、方便快捷、安全可靠等。

生产现场有各种各样的环境条件，如高温、潮湿、振动、噪声、粉尘、光照、辐射、有毒气体等。为了克服这些不利的环境因素，保证生产的顺利进行，就需要设计一系列的环境控制装置，以适应操作人员的要求并保障人身安全。

"安全"在生产中是放在第一位的，这也是人—机—环境系统的特点。为了确保安全，不仅要研究产生因素，并采取预防措施，而且要探索潜在危险，力争把事故消灭在设计阶段。安全保障技术包括机器的安全本质化、防护装置、保险装置、冗余性设计、防止人为失误装置、事故控制方法、救援方法、安全保护措施等。图1-44为汽车内部空间设计，从色彩到安全设施都考虑得十分完善。

图1-44　汽车内部安全设施设计

1.6　人机工程学的研究方法

人机工程学的研究广泛采用了人体科学和生物科学等相关学科的研究方法及手段，也采取了系统工程、控制理论、统计学等其他学科的一些研究方法，而且本学科的研究也建立了一些独特的新方法，以探讨人、机、环境要素间的关系。

这些方法包括：测量人体各部分静态和动态数据；调查、询问或直接观察人在工作时的行为和反应特征；对时间和动作的分析研究；测量人在工作前后及作业过程中的心理状态和各种生理指标的动态变化；观察、分析作业过程和工艺流程中存在的问题；分析差错和意外事故的原因；进行模型实验或用计算机进行模拟实验；运用数学和统计学的方法找出各种变量之间的相互关系，以便从中得出正确的结论或发展成有关理论。

目前常用的研究方法有以下五种。

1. 观察法

为了研究系统中的人和机器的工作状态，常采用各种各样的观察方法，如对工人操作动作的观察、功能观察和工艺流程观察等。

2. 实测法

实测法是一种借助仪器设备进行测量的方法。例如，对人体静态与动态参数的测量，对人体生理参数的测量或者对系统参数、作业环境参数的测量等。

3. 实验法

当实测法受到限制时，可以采用实验法，一般在实验室进行，也可以在作业现场进行。例如，为了获得人对各种不同显示仪表的认读速度和差错率的数据，一般在实验室采用这种方法；如需了解色彩环境对人的心理、生理和工作效率产生的影响，也可以采用这种方法。由于需要长时间和多人次的观测才能获得比较真实的数据，这种方法通常是在作业现场进行实验。图1-45为研究自行车骑行人员不同姿势与运动规律的关系而进行的实验。

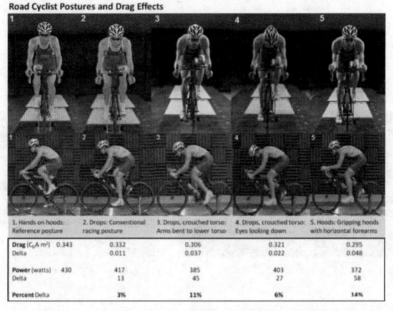

图1-45　自行车骑行人员不同姿势与运动规律的关系实验1

图1-45和图1-46中是通过风洞实验对5种不同的公路自行车骑行姿态进行测试，通过图表显示，把位从上把位到下把位，手臂基本不弯曲，在45km/h的情况下阻力能减少3%，功率减少13W。参见图1-45中姿势1和姿势2。对于下把位，如果能做到前臂和大臂之间弯曲，存在夹角(姿势3)，则阻力比同样是下把位的姿势2还小很多。姿势4和姿势3基本一致，只不过姿势4中，由于低头的动作导致阻力有所增加。

图1-46　自行车骑行人员不同姿势与运动规律的关系实验2

可能很多人没想到的是对于上把位，如果做到手臂弯曲，前臂保持水平状态(姿势5)，则阻力能减少14%，功率能减少58W(相对于手臂不弯曲的姿势1)。这实际上是公路自行车骑行最快的一种姿势。通过实验，我们可以看出在公路自行车骑行过程中，姿势3和姿势5的阻力小、速度快，这些数据结论完全来源于真实实验。

4. 模拟和模型实验法

由于机器系统一般比较复杂，因而在进行人机系统研究时常采用模拟方法。模拟方法包括各种技术和装置的模拟，如操作训练模拟器、机械的模型及各种人体模型等。通过这类模拟方法可以对某些操作系统进行逼真的实验，得到更符合实际的真实数据。因为模拟器或模型通常比它所模拟的真实系统价格便宜得多，但又可以进行符合实际的研究，所以得到较多的应用。

图1-47和图1-48为奔驰汽车厂商于2015年发布的GLK的继任车型——GLC，该车型基于与C级相同的MRA开发平台，采用轻量化车体设计并拥有越野性能。可能很多人第一眼看到GLC的时候都会被其流畅、圆润的车体外形所吸引，但这样的外观形态绝不只是为了好看，而是为了提升车体的气动性能，其风阻系数仅为0.31，达到了同级车型最佳状态。

图1-47　奔驰汽车采用模拟与模型实验法1　　　　图1-48　奔驰汽车采用模拟与模型实验法2

5. 计算机数值仿真法

由于人机系统中的操作者是具有主观意志的生命体，用传统的物理模拟和模型方法研究人机系统，往往不能完全反映系统中生命体的特征，其结果与实际相比必然存在一定误差。另外，随着现代人机系统越来越复杂，采用物理模拟和模型方法研究复杂人机系统，不仅成本高、周期长，而且模拟和模型装置一经定型，就很难进行修改。为此，一些更为理想而有效的方法逐渐被创建并得以推广，其中计算机数值仿真法已成为人机工程学研究的一种现代方法。

数值仿真是在计算机上利用系统的数学模型进行仿真性实验研究。研究者可对尚处于设计阶段的系统进行仿真，并就系统中的人、机、环境三要素的功能特点及其相互间的协调性进行分析，从而预知所设计产品的性能，并改进设计。应用数值仿真研究，能大大缩短设计周期，降低成本。图1-49和图1-50为通过计算机仿真对应力分布进行研究。

图1-49　通过计算机仿真进行应力分布研究

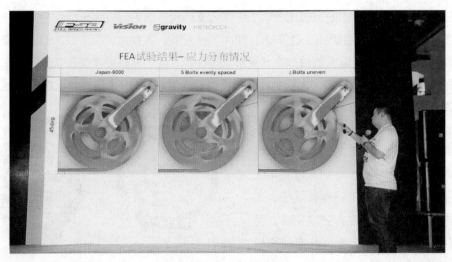

图1-50 应力分布研究

1.7 人机工程学与工业设计

从工业设计所包含的内容来看，大到航天系统、城市规划、机械设备、交通工具、建筑设施，小至服装、家具及日常用品，总之为人类各种生产与生活所创造的一切产品，都必须把"人的因素"作为一个重要衡量标准。因此，在设计中研究和运用人机工程学的理论和方法就成为工业设计师的重要手段。

1.7.1 人机工程学为工业设计提供理论依据

一切产品都是人使用和操纵的，在人机系统中如何充分发挥其能力，保护其功能，并进一步发挥其潜在的作用，是人—机—环境系统研究中最重要的环节。为此，必须应用人体测量学、生物力学、生理学、心理学等学科的研究方法，对人体的结构和机能特征进行研究，提供人体各部分的尺寸、重量、体表面积、比重、重心，以及人体在活动时的相互关系和人体结构特征参数；提供人体各部分的出力范围、出力方向、活动范围、动作速度与频率、重心变化及动作习惯等人体机能参数；分析人的视觉、听觉、触觉、嗅觉及肤觉等感觉器官的机能特征；分析人在各种工作和劳动中的生理变化、能量消耗、疲劳机制及人对各种工作和劳动负荷的适应能力和承受能力；探讨人在工作或劳动中的心理变化及其对工作效率的影响。

工业设计与人机工程学的共同之处在于，两者都是以人为核心，以人类社会的和谐发展为最终目的。

工业设计的目的是创造符合人类社会健康发展所需要的产品和设施，而人机工程学则研究人、机、环境三者之间的关系，为解决这一系统中人的效能、健康、安全和舒适问题提供理论和方法。人机工程学为工业设计提供了有关人和人机关系方面的理论数据和设计依据。设计师通过对人机工程学的研究，可以知道产品操纵装置的布局和人体的关系、产品的形状与功能的关系、产品的外观设计与操作者安全之间的关系等。

此外，工业设计需考虑的问题比人机工程学方面所包含的内容要更全面一些。人机工程学要求产品设计要满足人的生理和心理要求，使人能够舒适、有效地使用产品。但是随着时代的发展，非物质文化也影响着人们的行为、身份、地位、权威、流行要素等，众多因素都能对人们的购买行为产生影响。例如，人们更愿意佩戴高档手表(图1-51)来体现自己的身份地位，所以在确定一件产品的尺寸和形状时，除了参考人机工程学的测量数据，还要考虑产品的使用场所，用户的审美情趣、经济条件、受教育程度、年龄、性别，以及个人喜好等其他因素。又如，同样是桌子，要考虑是在家里使用还是在办公室使用；是成人使用还是儿童使用；是工作桌还是餐桌，基于以上的思考，桌子的尺寸和形状都会产生变化。

图1-51 高档手表的设计

作为工业设计师，应灵活运用人机工程学研究所得出的大量图表、数据和调查结果，虽然这些是颇具价值的参考资料，但它只能作为工业设计的基本依据而非最终定论，不能作为一劳永逸、放之四海皆准的永不变化的真理。无论多么详尽的数据库也不能代替设计师深入细致的调查分析和亲身体验所获得的感受。工业设计师要针对设计定位，对各种复杂的制约因素权衡利弊，善于取舍，进行正确有效的人机分析。

1.7.2 为工业设计中的"环境因素"提供设计准则

众所周知，任何人都不可能离开环境生活和工作，任何机器也不可能脱离一定的环境运转。环境影响人的生活、健康、安全，特别是影响其工作能力的发挥，影响机器的正常运行。

人机工程学通过研究外界环境中各种物理的(如声、光、热等)、化学的 (如有毒有害物质)、生理的(如疾病、药物、营养等)、心理的(如动机、恐惧、心理负荷等)、生物的 (如病毒和微生物等)，以及社会的(如经济、文化、制度、习俗、政治等)因素对人体的生理、心理及工作效率的影响程度，从而确定人在生产、工作和生活中所处的各种环境的舒适程度和安全限度。从保障人体的安全、健康和舒适出发，为工业设计中考虑 "环境因素"提供分析评价方法和设计准则。

1.7.3 为产品设计提供科学依据

工业设计就是为满足人类不断增长的物质和精神需要，为人类创造一个更为合理、舒适的生活方式。任何一种生活方式，都是以一定的物质为基础，体现人的精神需求。因此，在设计中，除了要充分考虑人的因素之外，功能合理、运作高效也是设计师要加以解决的主要问题。最优化的解决"物"与人相关的各种功能匹配，创造出与人的生理、心理机能相协调的产品，也是当今工业设计在功能探究上的新课题。例如，在考虑人机界面的功能问题时，如显示器、控制器、工作台和工作座椅等部件的形状、大小、色彩、语义，以及布局方面的设计基准，都是以人体工程学提供的参数和要求为设计依据的。

1.7.4　树立"以人为本"的设计思想

工业设计的对象是产品，但设计的最终目的并不是产品，而是满足人的需要，即设计是为人服务的。在工业设计活动中，人既是设计的主体，又是设计的服务对象，一切设计的活动和成果，归根结底都是以人为目的。工业设计运用科学技术创造人的生活和工作所需要的物与环境，设计的目的就是使人与物、人与环境、人与人、人与社会相互协调，其核心是设计中的"人"。从人机工程学和工业设计两个学科的共同目标来评价，判断两者最佳平衡点的标准，就是在设计中坚持"以人为本"的思想。"以人为本"的设计思想具体体现在工业设计中的各个阶段都应以人为主线，将人机工程学的各项原理和研究成果贯穿于设计的全过程，如图1-54所示。

1.8　人机工程学与室内设计

人机工程学在室内设计中的应用范围随着人在空间中地位的进一步加强而不断扩展。它的应用使室内设计在心理上、生理上，以及物理价值上更符合室内活动的需求，因而使室内空间的使用功能得到充分利用和提高。人机工程学在室内设计中的主要作用和应用表现在以下几个方面。

1. 提供室内空间尺寸的依据

室内空间最主要的制约因素为人体尺寸。人机工程学为这些尺寸的制订提供了科学的依据。根据其所提供的基础数据和理论，确立各种行为的空间尺寸和必要的空间范围。

2. 提供家具和设施的尺寸、组合、使用空间的依据

无论是家具、设施还是室内其他陈设，都是被人所使用，这些物体设计的合理度在一定程度上取决于人在各种使用状态下的舒适状况、疲劳状况和便捷程度。可见人机工程学提供的人体基础数据是设计这些物体不可缺少的必备参数。不仅如此，在室内空间、家具组合排列、设施安放等设计过程中也不能忽视人体数据。人们在使用这些家具和设施的同时，需要有一定的摆放空间、使用空间和心理空间，这些空间尺度是由人在站立、坐等不同的使用状态下的身体尺度、舒适度、工作效率和能耗决定的。

3. 提供无障碍设计依据

无障碍设计是为方便残疾人在室内外活动的一种空间设计。由于残疾人在行动时需借助一定的工具，如轮椅、扶手等来完成行走、站立、坐下等动作，因此，在空间设计时，必须考虑辅助工具在行为中的影响和占有的空间范围，同时要考虑这些工具的操作方式、操作时最小的空间占用范围、特点和必要条件等。

4. 提供室内物理环境的最佳参数

人机工程学提供声、光、热、辐射等舒适范围物理因素的数据，它对进行各种功能空间的设计、各种装饰材料的选择有重要的参考作用，以确保室内空间设计符合人的生理与心理要求。

5. 为室内行为提供科学依据

人在室内的各种行为都离不开人本身对各种环境的本能反应，包括人在听觉、视觉、嗅觉、触觉等方面对环境的感应。具体地说是对颜色的认知、对光的感应、对温度和湿度的适应、对空间形状的感受、环境对心理的影响而导致的各种心理行为等。这些外界因素往往会直接影响人在某一环境内的感情和行为。因此，利用人机工程学在此领域中的研究成果，可以使环境在色彩、光线、形状、格局等方面更符合不同场合的要求，并在一定程度上能组织人们的室内行为，从而使有限的使用空间在功能上和情感上发挥更大的作用，如图1-52至图1-54所示。

图1-52　室内空间研究

图1-53　产品与空间研究

图1-54　室内空间尺度研究

第2章

人的感知系统

主要内容： 本章主要讲解人的感觉定义与特点、人的知觉定义与特点、人的视觉定义与特点、听觉机能及其特点、嗅觉与味觉的特点。

教学目标： 掌握人的感知系统等基础知识。

学习要点： 学习人的感觉定义与特点、人的知觉定义与特点、人的视觉定义与特点等知识。

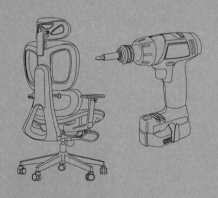

Product Design

在人机工程学的研究中，人的因素是主旋律，也是整个系统研究的主线。人同样也是一个系统，我们研究人，要先从人的感官系统开始。本章主要讲解关于人体感知系统的知识。

在人机系统中，如果把操作者作为人机系统中的一个"环节"来研究，人与外界直接发生联系的主要有三个系统，即感觉系统、神经系统和运动系统。图2-1为人体与外界发生联系的系统示意图。

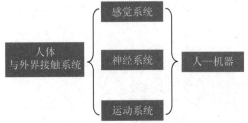

图2-1　人的感知系统示意图

图2-2至图2-4为三款头盔外观与花纹设计。人的大脑是一切行为的指导中枢，因此对其保护是十分重要的，任何与人体相关的产品都是我们设计的重点。

图2-2　头盔设计

图2-3　头盔与花纹设计

图2-4　安全头盔设计

人在操作机器的过程中，机器会通过显示装置(如显示屏、显示界面等)将信息发送给人的感觉器官，而经人的中枢神经系统对信息进行反馈并处理后，人们会再指挥运动系统(如手、脚等)操纵机器的控制器，从而改变机器的状态。如图2-5至图2-8所示，人们在生活与工作中遇到的信息指示，通过信号指示，大脑作出判断，然后通过动作来控制机器。

图2-5　触摸屏幕显示装置的信号指示

当人们看到仪器显示器的报警提示，提示信息可能是文字，也可能是警报声、图形符号等，这些信息刺激人们的感觉器官，然后通过大脑神经中枢对人们进行动作指示，利用手再对机器进行控制，按下按键进行操作。由此可见，从机器传来的信息，通过人这个"环节"又返回到机器，从而形成一个循环系统。人机所处的外部环境因素，如温度、照明、噪声、振动等，则会不断影响系统的效率。图2-9中形象化地分析出人机系统运转的循环特点。

图2-6　遥控器上的信号指示

图2-7　警示信号

图2-8　警示信号设计

显然，要使上述的循环系统有效地运行，就要求人机系统中许多部分协同发挥作用，这就需要人的感知系统发挥作用。

人的感知系统是一个体系。首先，感觉器官是操作者感受人机系统信息的特殊区域，也是系统中最早可能产生误差的部位；其次，人机系统的各种信息随即传入神经，将信息由感觉器官传到人体"理解"和"决策"的中心——大脑；再次，决策指令再由大脑输出，经过神经系统传达到肌肉；这个过程的最后一步，则是人体的各个运动器官按指令执行各种操作动作，即所谓作用过程。对于人机系统中人的这个环节，除了感知能力、决策能力对系统操作效率有很大影响之外，最终的作用过程可能是对操作者效率的最大限制。图2-10为人的感知系统示意图。

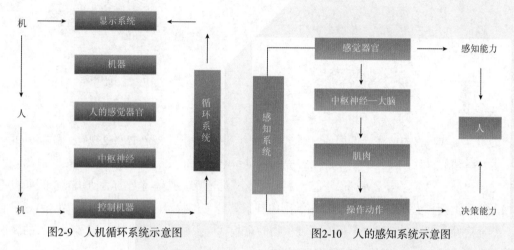

图2-9　人机循环系统示意图　　　　　图2-10　人的感知系统示意图

2.1　人的感觉定义与特点

感觉是人脑对直接作用于感觉器官的客观事物个别属性的反映。人的感觉器官接受内、外环境的刺激，并将其转换为神经冲动，通过传入神经，将其传至大脑皮质感觉中枢，便产生了感觉。

感觉是心理现象的基础，没有感觉就没有其他一切心理现象。感觉产生了，其他心理现象就在感觉的基础上发展起来，感觉是其他一切心理现象的源头和"胚芽"，其他心理现象是在感觉的基础上发展、壮大和成熟起来的。感觉是其他心理现象大厦的"地基"，其他心理现象都是建立在感觉的基础上的。如图2-11至图2-13所示，即人的大脑在感觉形成中的作用和人的感觉形成过程。

图2-11　人脑在感觉形成中的作用

感觉虽然是一种极简单的心理过程，可是它在我们的生活实践中具有重要的意义。有了感觉，我们就可以分辨外界各种事物的属性，因此才能分辨颜色、声音、软硬、粗细、重量、温度、味道、气味等；有了感觉，我们才能了解自身各部分的位置、运动、姿势；有了感觉，我们才能进行其他复杂的认识过程，如图2-14所示。

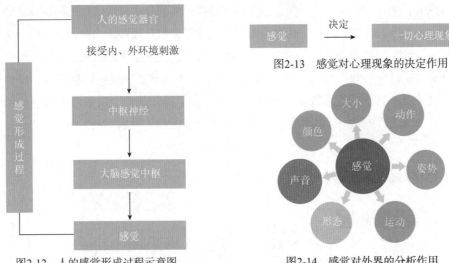

图2-12 人的感觉形成过程示意图

图2-13 感觉对心理现象的决定作用

图2-14 感觉对外界的分析作用

例如，一块巧克力放在人的面前，通过眼睛看，便产生了深褐色的颜色视觉；触摸一下，则产生光滑感的触觉；闻一下，便产生香醇的嗅觉；吃一口，便产生甜滋滋的味觉。由此产生的视觉、触觉、嗅觉、味觉等都属于感觉。另外，感觉还反映人体本身的活动状况。又如，正常的人能感觉到自身的姿势和运动，感觉到内部器官的工作状况(如舒适、疼痛、饥饿)等。但是，感觉这种心理现象有时并不反映客观事物的全貌。失去感觉，就不能分辨客观事物的属性和自身状态。因此，我们说，感觉是各种复杂的心理过程(如知觉、记忆、思维)的基础，就这个意义来说，感觉是人关于世界的一切知识的源泉。

感觉是一种最简单、最基本的心理过程，在人的各种活动过程中起着极其重要的作用。人除了通过感觉分辨外界事物的个别属性和了解自身器官的工作状况外，一切较高级的、较复杂的心理活动，如思维、情绪、意志等都是在感觉的基础上产生的。所以说，感觉是人了解自身状态和认识客观世界的开端。

图2-15和图2-16是对植物感觉的研究。现代科学研究表明，一些植物对光、声、触动等外部刺激也很敏感，同时也有味觉、痛觉等感觉特征。科学家们发现，植物与人和动物在很多方面具有同样的功能。与人和动物不同的是，植物对于外界的嗅觉不是用鼻子，而是用身体的某个器官来感受的。如果说植物有"鼻子"，那也许指的就是叶子。这就是植物，特别是叶子很容易被化学物质伤害的原因。

植物的味觉非常细腻，它们知道自己喜欢"吃"点什么，爱"喝"点什么。这就是有些地方寸草不生，有些地方却树木成林的原因。很多科学家就是利用植物的味觉来寻找矿藏的，如金刚石很可能就埋藏在赤杨丛生的地方，不毛之地也许藏有铂矿是因为它与任何植物都无法共存。

图2-15　对植物感觉的研究

图2-16　现代科学对植物感觉的研究

　　不同的植物对不同频率的声波反应不同。日本科学家研究发现，番茄(图2-17)、黄瓜特别爱听"雅乐"，每当音乐响起的时候，这些植物的叶子舒展，叶面电流加快，生长迅速；美国科学家也发现，很多植物喜欢轻音乐，讨厌摇滚乐，有些植物长时间听摇滚乐后会慢慢地死去。

　　按照一般常识，植物发声是不可能的。美国加州森林研究所的尼尔逊博士把一棵小松树移至室内，接上计算机测试仪后发现，小松树能发出微弱的超声波，他把这称为植物"说话"。有些植物缺水时会发出"咔嗒，咔嗒"的声音，这种声音有点类似于哺乳动物发出的叫声。

　　植物的视觉是指植物对光线的感受。如果用感受光线来衡量植物的视力，那么植物叶面对光线的感受力最强，也就是视力最强。人们在生活中不难发现，植物向阳的一面，枝叶比较多；背阴的一面，枝叶比较少。有的植物天生向阳，如向日葵，如图2-18所示。

图2-17　番茄喜爱音乐

图2-18　向日葵的向阳习性

2.1.1　适宜刺激

　　人体的各种感觉器官都有各自最敏感的刺激形式，这种刺激形式称为相应感觉器官的适宜刺激。

　　适宜刺激和识别特征见表2-1。

表2-1　适宜刺激和识别特征

感觉类型	感觉器官	适宜刺激	刺激来源	识别外界的特征
视觉	眼	一定频率范围的电磁波	外部	形状、大小、位置、远近、色彩、明暗、运动方向等
听觉	耳	一定频率范围的声波	外部	声音的强弱和高低，声源的方向和远近等
嗅觉	鼻	挥发的和飞散的物质	外部	香气、臭气等
味觉	舌	被唾液溶解的物质	接触表面	酸、甜、苦、辣、咸等
皮肤感觉	皮肤及皮下组织	物理和化学物质对皮肤的作用	直接和间接接触	触压觉、温度觉、痛觉等
深部感觉	肌体神经和关节	物质对肌体的作用	外部和内部	撞击、重力、姿势、压力等
平衡感觉	半规管	运动和位置变化	内部和外部	旋转运动、直线运动、摆动等

2.1.2　适应

感觉器官经持续刺激一段时间后，在刺激不变的情况下，感觉会逐渐减小以致消失，这种现象称为"适应"。通常所说的久而不闻其臭，就是嗅觉器官产生了适应；久居闹市却对高分贝的噪声充耳不闻的现象，也是听觉器官产生适应的例子之一。

2.1.3　相互作用

在一定的条件下，各种感觉器官对其适宜刺激的感受能力都将受到其他刺激的干扰影响而降低，由此使感受性发生变化的现象称为感觉的相互作用。此外，味觉、嗅觉、平衡觉等都会受其他感觉刺激的影响而发生不同程度的变化。利用感觉相互作用规律来改善劳动环境和劳动条件，以适应操作者的主观状态，对提高生产率和舒适性具有积极的作用。例如，我们长时间坐在安静的空间内工作，会使心情过于压抑，可以适当地利用声音来刺激听觉系统，丰富感知系统，使系统达到平衡状态。又如，我们同时注意到两个相同事物，可能无法分清主次，这时同样可以利用调动其他感觉系统，如香味或声音等变化来分清事物的主次。对感觉相互作用的研究在人机工程学设计中具有重要意义。如图2-19所示，图中都是正方形，我们对其大小、位置、形态进行变化，可以突出重点，分清主次。如图2-20所示，图中的座椅形态相同，我们通过变化其色彩，使其产生对比，分清主次。

图2-19　形态的主次变化

图2-20　色彩的主次变化

2.1.4 对比

同一感觉器官接受两种完全不同但属同一类的刺激物的作用,而使感受性发生变化的现象称为对比。几种刺激物同时作用于同一感觉器官时产生的对比称为同时对比。图2-21为色彩与形状的对比。如图2-22所示,同样一个灰色的图形,在白色的背景上看起来显得颜色重一些,在黑色背景上则显得颜色浅一些,这是无彩色对比;而灰色图形放在红色背景上呈绿色;放在绿色背景上则呈红色,这种图形在彩色背景上而产生向背景的补色方向变化的现象称为彩色对比。

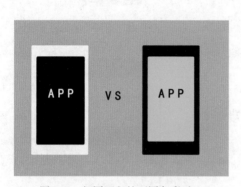

图2-21 相同面积的不同色彩对比

图2-22 相同色彩在不同背景上的变化与对比关系

2.1.5 余觉

刺激取消以后,感觉可以存在极短的时间内,这种现象叫余觉。例如,在暗室里急速转动一根燃烧着的火柴,可以看到一圈火花,这是由许多火点留下的余觉组成的,如图2-23和图2-24所示。

图2-23 余觉现象1

图2-24 余觉现象2

2.2 人的知觉定义与特点

2.2.1 知觉定义

知觉是人脑对直接作用于感觉器官的客观事物形成的主观状况整体的反映。人脑中产生的具体事物的印象总是由各种感觉综合而成的。没有反映个别属性的感觉,就不可能有反映事物整体的知觉，所以知觉是在感觉的基础上产生的。感觉到的事物个别属性越丰富、越精确，对事物的知觉也就越完整、越正确。

虽然感觉和知觉都是客观事物直接作用于感觉器官而在大脑中产生对所作用事物的反映，但感觉和知觉又是有区别的，感觉反映客观事物的个别属性，而知觉反映客观事物的整体情况。以人的听觉为例，作为知觉反映的是一段曲子、一首歌或一种语言；而作为听觉所反映的只是一个个高低的音调。所以，感觉和知觉是人对客观事物的两种不同水平的反映。在生活或生产活动中，人都是以知觉的形式直接反映事物，而感觉只作为知觉的组成部分而存在于知觉之中，很少有孤立的感觉存在。如图2-25中的产品造型，知觉感受到的是单纯圆润的形态，感觉则会想象出一种像动物的形态，能够产生丰富的联想。

图2-25　电子产品的外观设计

知觉按照不同的标准可以分为几大类。

(1) 根据知觉主导作用的分析，可以分为视觉知觉与听觉知觉。

(2) 根据知觉对象的不同，可以分为空间知觉、时间知觉和运动知觉。

(3) 根据有无目的，可以分为有意识知觉和无意识知觉。

(4) 根据能否正确反映客观事物，可以分为正确知觉和错误知觉。

图2-26为各种知觉的分类。

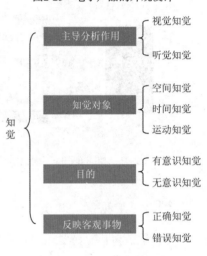

图2-26　知觉的分类

2.2.2　知觉特点

1. 整体性

在研究知觉时，把由许多部分或多种属性组成的对象看作具有一定结构的统一整体，这一特性称为知觉的整体性。在感知熟悉对象时，只要感知到它的个别属性或主要特征，就可以根据积累的经验而知道它的其他属性和特征，从而整体地感知它。如图2-27和图2-28中的图形都是未封闭的，但是我们通过经验都能判断出其整体形态与含义。

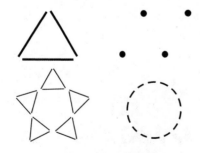

图2-27　知觉的整体性1

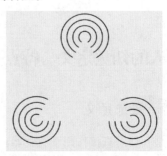

图2-28　知觉的整体性2

图2-27中的图例，都是由局部构成的整体图形，都属于未封闭状态。但我们对每一个局部都能熟知，因此并不影响我们认知它的整体轮廓。图2-28中的曲线围合出一个虚拟的三角形，并没有边界与轮廓，但是其形象非常鲜明，形成视觉的焦点。

2. 选择性

在研究知觉时，把某些对象从某背景中优先地区分出来，并予以清晰反映的特性，叫作知觉选择性。从知觉背景中区分出对象来，一般取决于下列条件。

1) 对象和背景的差别

对象和背景的差别越大，包括颜色、形态、刺激强度等方面，对象越容易从背景中区分出来，并优先突出，给予清晰的反映；反之，就难以区分，如图2-29和图2-30所示。

图2-29　知觉的选择性1

图2-30　知觉的选择性2

2) 运动的对象

在固定不变的背景上，活动的刺激物容易成为知觉对象，并更能引人注意，提高知觉效率。

3) 主观因素

人的主观因素对于选择知觉对象相当重要，当任务、目的、知识、经验、兴趣、情绪等因素不同时，选择的知觉对象便不同。人的情绪良好、兴致高涨时，知觉的选择面就广泛；而在抑郁的心境状态下，知觉的选择面就狭窄，会出现视而不见、听而不闻的现象。

3. 理解性

用以往所获得的知识经验来理解当前的知觉对象的特征，称为知觉的理解性。正因为知觉具有理解性，所以在认识一个事物时，与这个事物有关的知识经验越丰富，对该事物的知觉就越丰富，对其认识也越深刻。例如，由于受教育程度不同，对同一事物的理解就会不同，受教育程度高的人可能更欣赏一些有深度的作品，受教育程度低的人可能更喜爱一些直白的作品。图2-31中用概括的图形语言表达了人脑的知觉理解性。

图2-31 知觉理解性

4. 恒常性

知觉的条件在一定范围内发生变化，而知觉的印象却保持相对不变的特性，称为知觉的恒常性。知觉恒常性是经验在知觉中起作用的结果，也就是说，人总是根据记忆中的印象、知识、经验去知觉事物的。在视知觉中，恒常性表现得特别明显。有时，尽管外界条件发生了一定变化，但观察同一事物时，知觉的印象仍相当恒定。

5. 错觉

错觉是对外界事物不正确的知觉。错觉产生的原因目前尚不清楚，但它已被人们大量地利用来为工业设计服务。例如，小巧轻便的产品涂着浅色，使产品显得更加轻便灵巧；而机器设备的基础部分采用重色，可以使人产生稳固之感。这就是利用产品表面颜色的不同而造成轻重有别的错觉，如图2-32至图2-35所示。

A1

A2

上长下短

图2-32 视错觉图例1

上大下小

图2-33 视错觉图例2

左大右小

图2-34 视错觉图例3

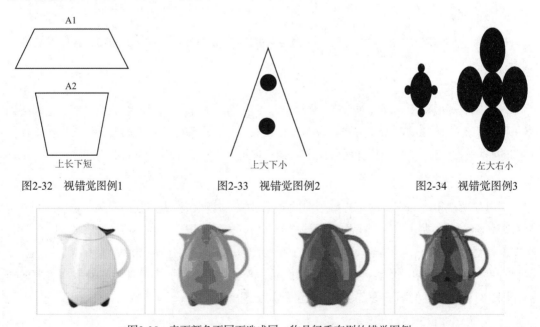

图2-35 表面颜色不同而造成同一物品轻重有别的错觉图例

2.3 人的视觉定义与特点

2.3.1 视觉刺激

人的眼球是视觉器官，眼球的功能就像照相机一样，以晶状体为镜头，视网膜为胶片，为人脑拍下了一张张生动的照片。

视觉的适宜刺激是光。光是放射的电磁波，呈波形的放射电磁波组成广大的光谱，其波长差异极大。人类视力所能接收的光波只占整个电磁光谱的一小部分。在可见光谱中，人会知觉到紫色、蓝色、绿色、黄色直至红色等色彩；如果将各种不同波长的光混合起来则产生白色。光谱上光波波长小于380nm的一段称为紫外线，光波波长大于780nm的一段称为红外线，这两部分波长的光都不能引起人的视觉，如图2-36所示。

电磁波与可见光谱

380nm 780nm

宇宙射线	γ射线	x射线	紫外线	可见光	红外线	雷达	无线电波	波长 交流电波

380nm	450nm	480nm		550nm	600nm	640nm		780nm
紫	蓝	绿		黄	橙	红		

图2-36 电磁波和可见光谱

2.3.2 视觉系统

视觉是由眼睛、视神经和视觉中枢等共同活动完成的。人的视觉系统主要是一对眼睛，它们由视神经与大脑视神经表层相连。眼睛是视觉的感觉器官，其基本构造与照相机类似。人的眼睛是直径为21～25mm的球体。光线由瞳孔进入眼中，瞳孔的直径大小由有色的虹膜控制，使眼睛在更大范围内适应光强度的变化。在眼球内约有2/3的内表面覆盖着视网膜，它具有感光作用，但视网膜各部位的感光灵敏度并不完全相同，其中央部位灵敏度较高，越到边缘则越差。落在中央部位的影像清晰可辨，落在边缘部分则不甚清晰。眼睛还有上、下、左、右共6块肌肉能对此进行调整，因而转动眼球便可审视全部视野，使不同的影像可迅速依次落在视网膜中灵敏度最高处。两眼同时视物，可以得到在两眼中间同时产生的影像，它能反映出物体与环境间相对的空间位置，因而眼睛能分辨出三维空间。图2-37为人的眼球构造。

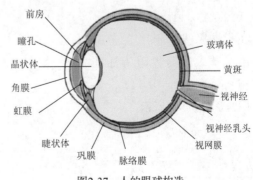

图2-37 人的眼球构造

进入的光线通过"透镜"作用的晶状体聚焦在视网膜上。眼睛的焦距是依靠眼周肌肉调整晶状体的曲率来实现的，同时因视网膜感光层是个曲面，能用于补偿晶状体曲光率的调整，从而使聚焦更为迅速而有效。

2.3.3 视觉机能

1. 视角与视力

视角是确定被看物尺寸范围的两端点光线射入眼球的相交角度，视角的大小与观察距离及被看物体上两端点的直线距离有关。眼睛能分辨被看物体最近两点的视角，称为临界视角。

视力是眼睛分辨物体细微结构能力的一个生理尺度，以临界视角的倒数来表示。人眼视力的标准规定，当临界视角为1分时，视力等于1.0，此时视力为正常。当视力下降时，临界视角必然要大于1分，于是视力用相应的小于1.0的数值表示。视力的好坏还随人的年龄、观察对象的亮度、背景的亮度及两者之间亮度/对比度等条件的变化而变化。

2. 视野与视距

视野是指人的头部和眼球在固定不动的情况下，眼睛观看正前方物体时所能看见的空间范围，常以角度来表示。视野的大小和形状与视网膜上感觉细胞的分布有关，可以用视野计来测定视野的范围。在水平面内的视野是：双眼视区大约在60°以内的区域，在这个区域里还包括字、字母和颜色的辨别范围，辨别字的视线角度为10°～20°；辨别字母的视线角为5°～30°，在各自的视线范围以外，字和字母趋于消失。对于特定颜色的辨别，视线角度为30°～60°。人的最敏锐的视力是在标准视线每侧1°的范围内；单眼视野界限为标准视线每侧94°～104°，如图2-38和图2-39所示。

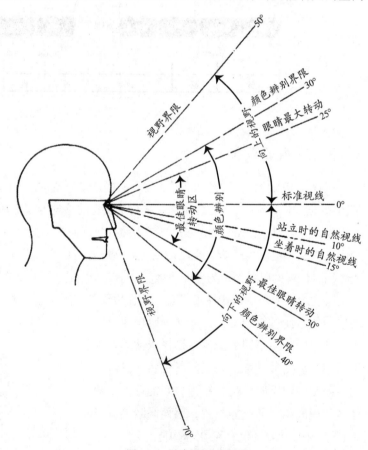

图2-38 垂直视野示意图

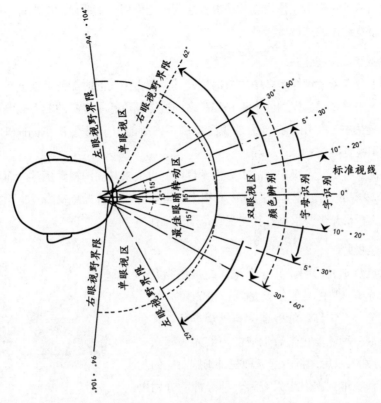

图2-39 水平视野示意图

视距是指人在操作系统中正常的观察距离。一般操作的视距范围在38~76cm。视距过远或过近都会影响认读的速度和准确性，而且观察距离与工作的精确程度密切相关，因此应根据具体任务的要求来选择最佳的视野和视距，见表2-2。

表2-2 几种工作任务视距的推荐值

任务要求	举例	视距离(眼至观察对象)/cm	固定时视野直径/cm	备注
最精细的工作	安装最小部件(表、电子元件)	12~25	20~40	完全坐着，部分依靠视觉辅助手段(小型放大镜、显微镜)
精细工作	安装收音机、电视机	25~35(多为30~32)	40~60	坐着或站着
中等粗活	在印刷机、钻井机、机床旁工作	50以下	80	坐着或站着
粗活	粗磨	50~150	30~250	多为站着
远看	黑板、开汽车	150以上	250	坐着或站着

3. 双眼视觉和立体视觉

若用单眼视物时，只能看到物体的平面，即只能看到物体的高度和宽度。若用双眼视物时，具有分辨物体深浅、远近等相对位置的能力，形成所谓立体视觉。立体视觉产生的原因，主要是同一物体在两视网膜上所形成的影像并不完全相同，右眼看到物体的右侧面较多，左眼看到物体的左侧面较多。最后，经过中枢神经系统的综合，得到一个完整的立体视觉。立体视觉的效果并不全靠双眼视觉，如物体表面的光线反射情况和阴影等，都会加强立体视觉的效果。此外，生活经验在产生立体视觉效果上也起到一定作用。工业设计中的许多平面造型设计颇有立体感，就是运用的这种生活经验。

4. 中央视觉和周围视觉

在视网膜上分布着视锥细胞多的中央部位，其感色力强，同时能清晰地分辨物体，用这个部位视物的称为中央视觉。视网膜上视杆细胞多的边缘部位感受多彩的能力较差或不能感受，故分辨物体的能力差。但由于这部分的视野范围广，故能用于观察空间范围和正在运动的物体，称其为周围视觉。

在一般情况下，既要求操作者的中央视觉良好，也要求其周围视觉正常。而对视野各方面都缩小到10°以内者称为工业盲。两眼中心视力正常而有工业盲视野缺陷者，不宜从事驾驶飞机、车、船、工程机械等要求具有较大视野范围的工作。

5. 色觉与色视野

视网膜除能辨别光的明暗，还有很强的辨色能力，可以分辨出180多种颜色，但主要是红、橙、黄、绿、青、蓝、紫七色。其中红、绿、蓝为三种基本色，其余的颜色都可由这三种基本色混合形成。当红光、绿光、蓝光(或紫光)分别入眼后，将引起三种视锥细胞对应的光化学反应，每种视锥细胞发生兴奋后，神经冲动分别由三种视神经纤维传入大脑皮层视区的不同神经细胞，即引起三种不同的颜色感觉。当三种视锥细胞受到同等刺激时，引起白色的感觉。

缺乏辨别某种颜色的能力，称为色盲；若辨别某种颜色的能力较弱，则称为色弱。有色盲或色弱的人，不能正确地辨别各种颜色的信号，不宜从事飞行员、车辆驾驶员及各种辨色能力要求高的工作。另外，由于各种颜色对人眼的刺激不同，人眼的色觉视野也就不同，在正常亮度条件进行实验，结果表明人眼对白色的视野最大，对黄色、蓝色、红色的视野依次减小，而对绿色的视野最小，如图2-40所示。

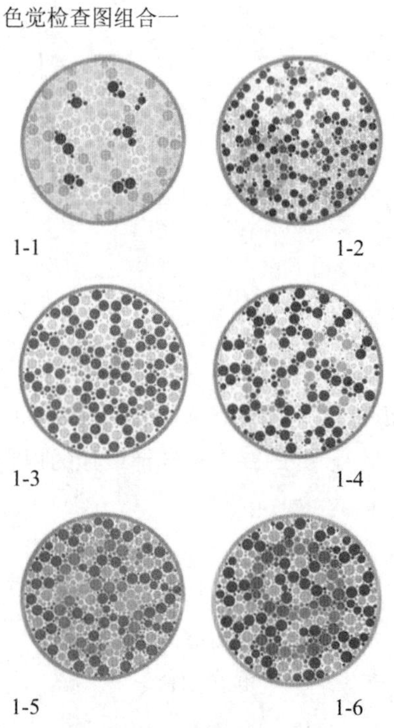

色觉检查图组合一

1-1 1-2

1-3 1-4

1-5 1-6

图2-40 色盲色弱检测图

6. 暗适应和明适应

当光的亮度不同时，视觉器官的感受性也不同，亮度有较大变化时，感受性也随之变化。视觉器官的感受性对光刺激变化的相顺应性称为适应。人眼的适应性分为暗适应和明适应两种。

当人从亮处进入暗处时，刚开始看不清物体，需要经过一段时间的适应后，才能看清物体，这种适应过程称为暗适应。例如，我们进入正在放映影片的电影院，刚进入时，由于眼睛从明亮处进入暗室，感觉一片漆黑，几分钟之后，慢慢适应了环境，就可以感受到周围的环境了，这就是视觉的暗适应过程；与暗适应情况相反的过程称为明适应，当我们开车时，由于阳光过于刺眼，我们无法适应，必须佩戴墨镜保护眼睛。

人眼虽具有适应性的特点，但当视野内明暗急剧变化时，眼睛不能很好地适应，从而会引起视力下降。例如，在设计隧道照明方案时，要考虑到人的明适应和暗适应因素，重视过渡空间和过度照明的设计。为了满足眼睛的适应性要求，在隧道入口需作一段明暗过渡照明，以保证一定的视力要求，如图2-41和图2-42所示。

图2-41 隧道的视觉暗适应

图2-42 隧道的视觉明适应

7. 视错觉

从人的眼球结构图上可以看到，在视觉神经连接视网膜之处有一个盲点，而且我们的视野具有高分辨率的部分仅处于视网膜中心周围大约1°的狭窄视角内，这个范围的角度和我们伸出手臂时大拇指的宽度一样，如此输入我们头脑的未加工的数据就像有个洞的图像。幸运的是，人脑处理数据时，将两只眼睛的输入点结合在一起，假定邻近位置的视觉性质类似，再填满缝隙并应用插入技术。此外，大脑从视网膜读到二维的数据排列并由它产生三维空间印象。换言之，大脑建立了心理图像或模型。但在这种加工的过程中，难免会产生一些与实际情况不符的信息，就会形成视错觉。如图2-43所示，1号格子与2号格子的亮度实际上是完全相同的，在这张图里，我们感觉它们不一样，是因为它们周围格子的亮度不一样。白格子会使周围的格子看起来更黑，在1号格子周围的白格子影响下，1号格子看起来比实际上更黑；而黑格子会使周围的格子看起来亮一些，2号格子周围都是更黑的格子，这些格子使2号格子看起来更亮一些。于是，在周围环境的衬托下，原本亮度完全相同的两个格子，看起来有了很大的差异。这就是视错觉的效应。

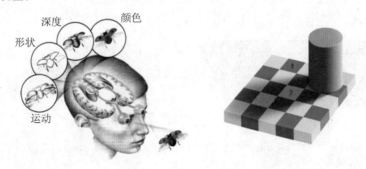

图2-43 视错觉效应案例1

图2-44为视错觉的效应，大脑假设棋盘是一个具有统一性的图案，并把白色斑点组成的图案视为一个向外扭曲的隆起，同样产生了起伏状态。

如图2-45所示，纵向的白线条是垂直的，但是受到后面曲折彩色形状的影响，变得好像倾斜了。

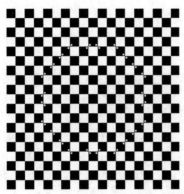

图2-44　视错觉效应案例2

图2-45　视错觉效应案例3

如图2-46和图2-47所示，横向的线条是平行的，但是受到后面形状的影响，变得好像交错倾斜了。

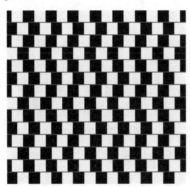

图2-46　视错觉效应案例4

图2-47　视错觉效应案例5

图2-48为视错觉案例，前缩透视法是造成这一视错觉效应的主要原因——透视法的规则让你的大脑认为后面的蓝线比前面的绿线要长得多。但是如果你移开红白格棋盘，就会发现这两条线其实是一样长的。

如图2-49所示，由于视角不同，会发现黄色的立方体一会儿在蓝色立方体里面，一会儿又浮在蓝色立方体前面。正如其他的视错觉图一样，视觉环境影响了人们观看图片的方式。

图2-48　透视法造成的视错觉

图2-49　图形的视错觉

2.4 听觉机能及其特点

2.4.1 听觉刺激

听觉是仅次于视觉的重要感觉，其适宜的刺激是声音。图2-50为声音产生的过程和途径，振动的物体是声源，振动在弹性介质(气体、液体、固体)中以波的方式进行传播，所产生的弹性波称为声波，一定频率范围的声波作用于人耳就产生了听觉。外界的声波通过外耳道传到鼓膜，引起鼓膜的振动，进而以机械能形式的声波在此处转变为听神经纤维上的神经冲动，然后被传送到大脑皮层听觉中枢，从而产生听觉。

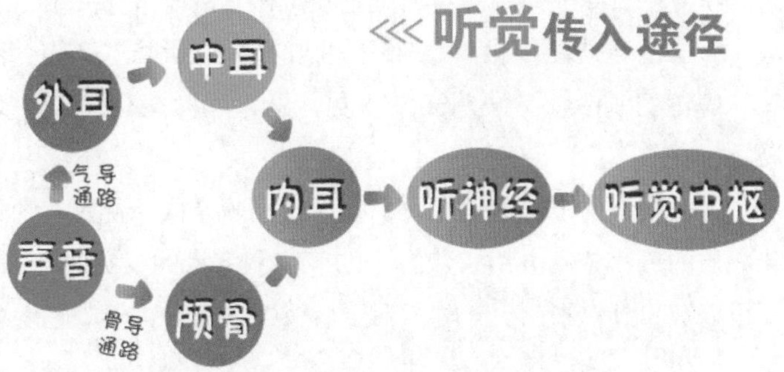

图2-50 听觉的传入途径

2.4.2 听觉的特点

1. 频率响应

可听声主要取决于声音的频率，具有正常听力的青少年(年龄在12～25岁)能够觉察到的频率范围大约是16～20 000Hz。而一般人的最佳听觉频率范围是20～2 000Hz。人到25岁左右时，对15 000Hz以上频率的灵敏度显著降低，而且随着年龄的增长，频率感受的上限逐年连续降低。可听声除取决于声音的频率外，还取决于声音的强度。

2. 方向敏感度

人耳的听觉本领，绝大部分都涉及所谓"双耳效应"，或称"立体声效应"，这是正常的双耳听闻具有的特性。

3. 掩蔽效应

一个声音被另一个声音所掩盖的现象，称为掩蔽。一个声音因另一个声音的掩蔽作用而提高的效应，称为掩蔽效应。在设计听觉传递装置时，应当根据实际需要，有时要对掩蔽效应的影响加以利用，有时则要加以避免或克服。图2-51为针对听觉进行的产品设计。

图2-51 与听觉相关的产品设计

2.5 嗅觉与味觉的特点

嗅觉是一种感觉，它由两个感觉系统参与，即嗅神经系统和鼻三叉神经系统。嗅觉和味觉会整合和互相作用，嗅觉是外激素通信实现的前提。

嗅觉是一种远感，即它是通过长距离感受化学刺激的感觉。相比之下，味觉是一种近感。

嗅觉感受器位于鼻腔顶部,叫作嗅黏膜,这里的嗅细胞受到某些挥发性物质的刺激就会产生神经冲动,神经冲动沿嗅神经传入大脑皮层而引起嗅觉。它们所处的位置不是呼吸气体流通的通路,而是被鼻甲的隆起掩护着。带有气味的空气只能以回旋式的气流接触到嗅感受器,所以慢性鼻炎引起的鼻甲肥厚常会影响气流接触嗅感受器,造成嗅觉功能障碍。

2.5.1 嗅觉感受器

嗅觉是由物体散发于空气中的物质微粒作用于鼻腔上的感受细胞而引起的。在鼻腔上鼻道内有嗅上皮,嗅上皮中的嗅细胞是嗅觉器官的外周感受器。嗅细胞的黏膜表面带有纤毛,可以与有气味的物质相接触。每种嗅细胞的内端延续成为神经纤维,嗅分析器皮层部分位于额叶区。嗅觉的刺激物必须是气体物质,只有挥发性有气味物质的分子,才能成为嗅觉细胞的刺激物。

人类嗅觉的敏感度是很大的,通常用嗅觉阈来测定。所谓嗅觉阈就是能够引起嗅觉的有气味物质的最小浓度。用人造麝香的气味测定人的嗅觉时,在1升空气中含有5×10^{-10}mg的麝香便可以被嗅到;采用硫醇时,对于4×10^{-10}mg这样的微量,人们就可以嗅到。

2.5.2 嗅觉能力

对于同一种气味物质的嗅觉敏感度,不同人具有很大的区别,有的人甚至缺乏一般人所具有的嗅觉能力,我们通常称之为嗅盲。就是同一个人,嗅觉敏锐度在不同情况下也有很大的变化,如某些疾病,对嗅觉就有很大的影响,感冒、鼻炎都可以降低嗅觉的敏感度。环境中的温度、湿度和气压等明显变化,对嗅觉的敏感度也有很大的影响。

嗅觉不像其他感觉那么容易分类,在说明嗅觉时,还是用产生气味的东西来命名,如玫瑰花香、肉香、腐臭……在几种不同的气味混合并作用于嗅觉感受器时,可以产生不同的情况,一种是产生新气味,一种是代替或掩蔽另一种气味,也可能产生气味中和,混合气味就完全不引起嗅觉。

味觉和嗅觉器官是我们身体内部与外界环境沟通的两个出入口。因此,它们担负着一定的警戒任务。人们敏锐的嗅觉,可以避免有害气体(如战争中的毒气弹、生活中的液化石油气……)进入体内。

在听觉、视觉损伤的情况下,嗅觉更具有重要作用。盲人、聋哑人运用嗅觉就像正常人运用视力和听力一样,他们常常根据气味来"认识"事物,了解周围环境,确定自己的行动方向。图2-52为与嗅觉、味觉相关的产品设计。

图2-52 与嗅觉、味觉相关的产品设计

第 3 章

人体尺寸与数据采集

主要内容： 本章主要讲解人体测量的作用、人体尺寸测量的内容与工具、人体测量方法、 影响人体尺寸的因素、人体测量数据来源与术语、常用人体测量资料、人体测量数据的应用等。

教学目标： 掌握人体尺寸、数据采集的方法。

学习要点： 学习人体测量的作用、人体尺寸测量的内容与工具、人体测量方法、影响人体尺寸的因素、人体测量数据来源与术语、常用人体测量资料、人体测量数据的应用等知识。

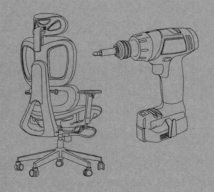

Product Design

人体测量学是人机工程学的重要组成部分。在进行工业设计及其他设计活动时，要使人与产品或设施相互协调，就必须对产品或设施与人相关的各种装置进行设计，使其符合人体形态、生理及心理特点，让人在使用过程中处于舒适与安全的状态。为此，设计师必须掌握人体形态特征及各项测量数据，其中包括人体高度、人体重量，人体各部分长度、厚度、比例及活动范围等。

3.1　人体测量学的由来与发展

人体测量学是通过测量人体各部位尺寸来确定个人之间和群体在人体尺寸上的差别的一门学科。

人体测量学并不是一门新兴的学科，它具有古老的渊源。早在公元前1世纪，罗马建筑师就已经从建筑学的角度对人体尺度作出了全面的论述，他们从人体各个部位的关系中，发现人体基本上以肚脐为中心，如一个站立的男人，双手侧向平伸的长度恰好就是其高度，双足趾和双手指尖恰好在以肚脐为中心的圆周上。这些规律是对人体尺度的描述。在文艺复兴时期，杰出的自然科学家、画家达·芬奇绘制出著名的人体比例图，可以说是对人体比例比较深入的研究，如图3-1所示。

图3-1　达·芬奇肖像及其绘制的人体比例图

此后，许多哲学家、数学家、艺术家及理论家对人体尺寸进行了大量的研究，积累了大量人体尺寸数据，但是这些数据还只是停留在理论层面，并没有针对实际生活的影响进行研究。

直到第一次世界大战时，由于航空工业的发展，人们迫切地需要准确的人体数据，以此来作为作战工具设计的依据。到第二次世界大战时，航空和军事的发展要求人们必须对人体尺度进行精确研究，只有这样才能设计出合格的作战装备，也只有掌握精确的人体尺寸，设计出的装备才能够符合人的使用与操作习惯，人们能准确地操控机器与设备，才能确保在战争中获得胜利。在此背景下，促使人们加快了对人体尺寸的研究。随后，人体测量学的成果逐步应用到产品设计、室内设计及其他设计等相关领域中。

目前，人体测量学的研究仍在持续进行，设计行业更加意识到人体尺寸对设计成果及使用的重要性。从图3-2中可以看出，建筑的尺寸影响建筑外部造型形态。同样，服装的尺寸影响人的穿着和服饰的样式(图3-3)，产品的尺寸影响人的使用与产品外部形态，如图3-4和图3-5所示。所以说合理的尺寸将影响设计的成果与使用状态。

图3-2　建筑空间

图3-3　服装

图3-4　平衡车

图3-5　摩托车

3.2　人体测量的作用

为了使各种与人体尺寸有关的设计对象能符合人的生理特点，让人在使用设计物时处于舒适的状态和适宜的环境之中，就必须在产品设计实践中充分考虑人体的各种尺寸，因而也就要求产品设计专业的学生与从业者能了解一些人体测量学方面的基础知识，并能熟悉有关设计所必需的人体测量基本数据的性质和使用条件。

3.3　人体尺寸测量的内容与工具

人体测量学是通过测量人体各部位尺寸，来确定人类个体和群体之间在人体尺寸上的差别，用于研究人的形态特征，从而为产品设计、工业设计、工程设计及室内环境设计提供人体测量数据和标准的一门学科。

3.3.1 人体测量内容

人体测量的主要内容有四个方面：人体构造尺寸、人体功能尺寸、人体重量和人体推拉力，如图3-6所示。

1. 人体构造尺寸

人体构造尺寸也称作人体结构尺寸，主要是指人体的静态尺寸，包含人的头部、躯干、四肢等在标准状态下测量出的尺寸。在产品设计及室内设计中应用最多的尺寸有：身高、坐高、臀部—膝盖长度、臀部宽度、膝盖和膝腘高度、大腿厚度、臀部—膝腘长度、坐时两肘之间的宽度等，如图3-7所示。

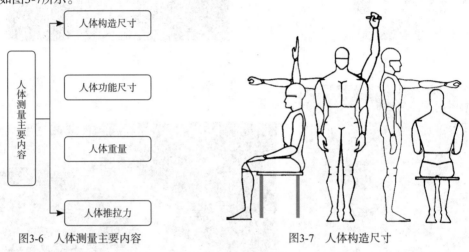

图3-6　人体测量主要内容　　　　图3-7　人体构造尺寸

2. 人体功能尺寸

人体功能尺寸是指人体的动态尺寸，也就是指人体活动时被测量的尺寸，其中包括人在工作姿势下或在某种操作活动状态下测量的尺寸。由于人们行为目的不同，致使人体活动的状态也不相同，因此，测量出的人体功能尺寸也就存在差异性，如图3-8所示。

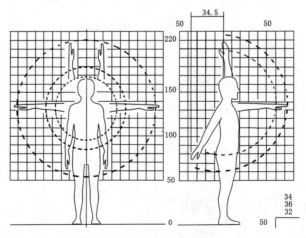

图3-8　人体功能(动态)尺寸

产品设计、工业设计及室内环境设计中所有涉及人体尺寸参数的，都需要应用大量人体构造尺寸和功能尺寸的测量数据。在设计实践中若不能很好地考虑这些人体数据，就很可能造成操作上的困难，或不能充分发挥人机系统效率。因此，人体测量参数对各种与人体尺寸有关的设计对象具有重要的意义。

3. 人体重量

测量人体的重量是为了科学地设计人体支撑物与作业面的结构。很多的产品都涉及人体的重量，如自行车、座椅、运动器械、健身器材等，只有对人体重量进行合理的测量，所设计的相应产品才能发挥出最佳功效。图3-9至图3-14为对人体重力的分析，从而对产品外观进行研发。

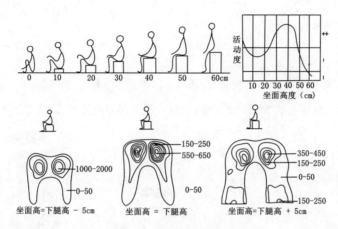

图3-9　人体重量与受力分析

图3-10　自行车车架受力分析

图3-11　自行车车架的外观设计

图3-12　自行车车架的外形与功能

图3-13　自行车车座因考虑受力分析而
　　　　进行相应的外形设计

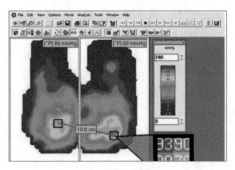

图3-14　采用电子技术对自行车车座
　　　　进行受力分析

4. 人体推拉力

测量出人体的推拉力,可以合理地应用到一些产品设计中,如推拉门、抽屉、手推车等产品。图3-15为考虑人体推拉力而进行的产品设计;图3-16为人体坐姿推拉力分析。

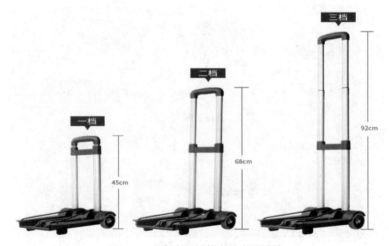

图3-15　应用产品推拉力的产品设计

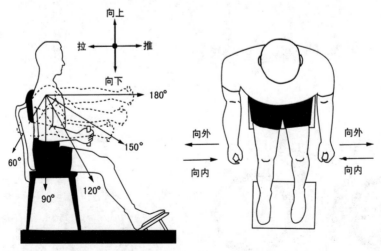

图3-16　人体坐姿推拉力分析

3.3.2 人体尺寸测量工具

在人体尺寸参数的测量中，所采用的人体测量工具有人体测高仪、人体测量用直脚规、人体测量用弯脚规、人体测量用三脚平行规、坐高仪、量足仪、角度计、软卷尺及医用磅秤等。我国对人体尺寸测量专用仪器已制定了标准，而通用的人体测量仪器可采用一般的人体生理测量仪器。

测量应在人体呼气与吸气的中间进行，其次序为从头向下到脚；从身体的前面，经过侧面，再到后面。测量时只许轻触测点，不可压紧皮肤，以免影响测值的准确性。一般只测量左侧，特殊目的除外。测量项目应根据实际需要确定，如确定座椅尺寸，则需要测定坐姿小腿加足高、坐深、臀宽，并测定人体两种坐姿——端坐 (最大限度地挺直)与松坐 (背部肌肉放松)的尺寸，以便确定靠背的倾斜度。图3-17为人体尺寸测量工具。

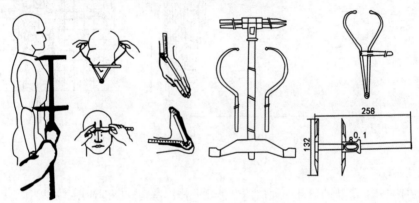

图3-17　人体尺寸测量工具

3.4　人体测量方法

人体尺寸测量方法主要有以下四种：丈量法、摄像法、问卷法、自控或感应测试法。

1. 丈量法

丈量法主要利用人体测量仪来测量人体构造尺寸，如测高仪测量人体身高、坐高、肩高等；利用直尺和卡尺来测量人体的细部构造尺寸，如宽度等；用磅秤来测量体重；用拉力器来测量人体拉力。图3-18和图3-19为专用测量电子设备，可以对人体体重、身高等数据进行测试，并直接显示出结果。

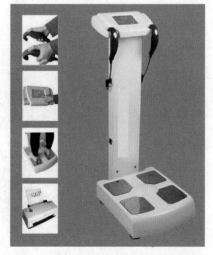

图3-18　现代测量仪器可进行数据测量　　图3-19　电子身高测量仪

2. 摄像法

由于人体功能尺寸随着动作的变化而变化，所以一般的测量很难达到既符合静态要求，又符合动态要求的结果。为了准确测量出人体动态与静态尺寸，我们可以采用照相机与摄像机进行投影测量。如图3-20所示，图中最右边为带有光源的投影板，板上刻有10cm×10cm的方格，每一个方格又分为1cm×1cm的小方格；图中最左边为摄像机，摄像机与投影板之间距离为L，当距离为测试者身高10倍以上时，投影光线可以视为平行线，即可以拍摄测试者在投影板上的各种动态，然后从投影板上的方格数量得到其功能尺寸。

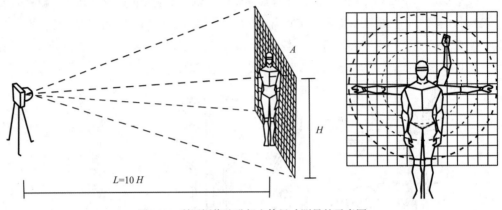

图3-20　利用摄像法进行人体尺寸测量的示意图

3. 问卷法

人体功能尺寸是变化的尺寸，如何使设计尺寸能够符合产品的使用，减轻体力的支出，从而达到相应的舒适状态，这就需要获得使人体感受"舒适"的尺寸，它同测试者的生理与心理特点有关。所以我们可以采用问卷法进行调研。如开发一款坐具，可以请不同的测试者针对同一椅背高度进行体验，每人提供真实的体验感受，供设计者参考并统计出较为合适的高度。

4. 自控或感应测试法

要想测得人体在椅面、椅背或床垫上的压力分布，从而科学地确定椅面或椅背的形状和形态，床垫中弹簧的弹力可以依靠自动控制系统，将压力输入，依靠计算机与软件得出结果，如图3-21所示。

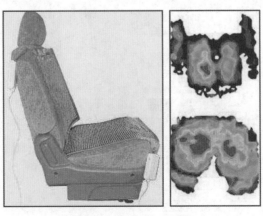

图3-21　人体坐姿压力测试

3.5　影响人体尺寸的因素

由于人体随着年龄增长会发生变化，性别、种族、职业、地理环境、文化背景的不同，以及食物种类、营养成分乃至起居习惯的不同都会影响到人体的发育及尺寸。因此，我们要对不同背景下的群体及个体进行细致的测量和分析，才能得到他们的特征尺寸。一般情况下，人体的差异和人体尺寸的分布规律如下。

(1) 性别：男性与女性在身体尺寸、体重及心理等方面存在着明显的差异。一般来讲，同年龄的男性与女性相比，男性的身体尺寸会大一些。

(2) 年龄：年龄是一个对身高有明显影响的因素，男性生长顶峰时期大约在20岁，女性则要早几年成熟，到壮年后，无论男女身高都会随年龄增长而递减。

(3) 地区与民族：不同国家、地区及民族的人，在身体尺寸上也会存在差异性。例如，欧洲地区的人身材比较高大，亚洲地区的人身材相对矮小一些。

(4) 社会经济因素：社会经济因素对人体高度也有明显影响，家庭收入高、营养良好的生活环境有助于人体的生长；反之则会影响到人体的正常发育。一般情况下，由于生活水平不同所造成的身高上的差异是与家庭收入成正比的。

(5) 时代：由于时代发展，经济水平提高，人们饮食越来越好，因此，现在人们的身高普遍比以前要高。有人对意大利人300年来的体质变化进行研究，发现身高基本上是呈线性增加的。例如，我国华东地区的男性，在20世纪50年代平均身高为164.5cm，到1980年测得上海籍大学新生平均身高已达170.5cm，如今的男青年身高很多都在180cm以上。

(6) 职业特性：不同职业的人，在身体尺度上也会存在差异性。例如，篮球运动员身高普遍都要在180cm以上，办公职员的身高就相对在正常水平；体力工作者比脑力工作者相对健壮。

人体数据及标准的变化会引起广泛的问题，曾有报道：德国某航空公司因乘客体重增加而多耗10%的燃料；日本小学生的课桌椅变得太小，不适合现代儿童使用；还有关于药片用量应按现代人高度和体重增加的情况进行修改。

随着全球市场的形成和流通，商务、旅游等国际交流活动日渐活跃，不同民族使用同一样产品的情况越来越多。因此，我们在进行产品设计与室内空间设计时，也要考虑其他民族对工业产品及环境适用性的要求。

3.6　人体测量数据来源与术语

3.6.1　人体测量数据

由于人体测量时要有一定的穿戴条件，又因缺乏经过技术培训的测量人员，所以一般来说要想获取全面的测量数据是比较困难的。即便是在卫生、教育等部门对特定人群的测量、调查中也不可能绝对准确和全面。因此，我们在使用这些数据时应加以选择和分析。

3.6.2 人体尺寸测量的术语

1. 主要统计函数

由于群体中个体之间存在着差异，一般来说，某一个体的测量尺寸不能作为设计的依据。为使产品适合于某群体使用，设计中需要的是该群体的测量尺寸。然而，全面测量群体中每个个体的尺寸又是不现实的。所以在通常情况下，大都是通过测量群体中较少量个体的尺寸，经数据处理后而获得较为精确的所需群体尺寸。

2. 百分点

大部分人体测量数据是按百分点来表达的，即把研究对象分成100份，根据一些特定的人体尺寸条件，从最小到最大进行分段。例如，第1百分点的身高尺寸表示99%的研究对象的身高尺寸。同样，第95百分点的身高尺寸则表示仅有5%的研究对象具有比该数值更高的高度，而95%的研究对象则具有同样的或更低的高度。总之，百分点表示具有某一人体尺寸和小于该尺寸的人占统计对象总人数的百分数。当采用百分点的数据时，有两点要特别注意。

(1) 人体测量中的每一个百分点数值，只表示某一项人体尺寸，如它可能是身高或坐高。

(2) 没有一个各种人体尺寸都同时处在同一百分点上的人。

3. "平均人"的理解误区

第50百分点的数值可以说已经相当接近于某一组人体尺寸的平均值，但不能误解为有"平均人"这样一个人体尺寸。选择数据时，如果以为第50百分点数值代表了平均人的尺寸，那就大错而特错了。这里不存在什么"平均人"，第50百分点只是说明所选择的某一项人体尺寸有50%的人适用。因此，按照设计的性质，通常选用第95百分点(95%)和第5百分点(5%)的数值，才能满足绝大多数使用者。

统计学表明，任意一组特定对象的人体尺寸分布均符合正态分布规律，即大部分属于中间值，只有一小部分属于过大值和过小值，它们分布在范围的两端。设计上满足所有人的要求是不太可能的，但必须满足大多数。所以必须从中间部分取用能够满足大多数人的尺寸数据作为设计参考依据。因此，一般都是舍去两头的极大值和极小值，而面向90%～95%的人。

3.7 常用人体测量资料

3.7.1 我国成年人人体尺寸国家标准

该标准根据人机工程学要求提供了我国成年人人体尺寸的基础数据，适用于产品设计、工业设计、室内设计、建筑设计、工程技术改造、设备更新及劳动安全保护等领域。

1. 成年人的人体构造尺寸

(1) 人体主要尺寸：包括身高、体重、上臂长、前臂长、大腿长、小腿长等人体主要尺寸数据，如表3-1、表3-2、图3-22至图3-25所示。

(2) 立姿：人体尺寸标准中的成年人立姿人体尺寸包括眼高、肩高、肘高、手功能高、胫骨点高等几项主要尺寸数据。

(3) 坐姿：人体尺寸标准中的成年人坐姿人体尺寸包括坐高、坐姿颈椎点高、坐姿眼高、坐姿肩高、坐姿肘高、坐姿大腿厚、坐姿膝高、小腿加足高、坐深、臀膝距、坐姿下肢长等十几项主要尺寸数据。

(4) 人体水平尺寸：是指胸宽、胸厚、肩宽、臀宽、坐姿臀宽、坐姿两肘间宽、胸围、腰围、臀围等共十项主要尺寸数据。

表3-1 人体主要尺寸　　　　　单位：mm

年龄分组	男(18～60岁)							女(18～55岁)						
百分位数	1	5	10	50	90	95	99	1	5	10	50	90	95	99
身高	1543	1583	1604	1678	1754	1775	1814	1449	1484	1503	1570	1640	1659	1697
体重/kg	44	48	50	59	70	75	83	39	42	44	52	63	66	71
上臂长	279	289	294	313	333	338	349	252	262	267	284	303	302	319
前臂长	206	216	220	237	253	258	268	185	193	198	213	229	234	242
大腿长	413	428	436	465	496	505	523	387	402	410	438	467	476	494
小腿长	324	338	344	369	396	403	419	300	313	319	344	370	375	390

2. 各地区人体尺寸的均值和标准差

我国是一个地域辽阔的多民族国家，不同地区间人体尺寸差异较大。因此，在我国成年人体测量工作中，从人类学的角度，并根据一些人体测量资料，将全国成年人人体尺寸分布划分为以下六个地区。

(1) 东北、华北地区：包括黑龙江省、吉林省、辽宁省、河北省、北京市、天津市等。

(2) 西北地区：包括新疆维吾尔自治区、甘肃省、青海省、陕西省、宁夏回族自治区等。

(3) 东南地区：包括江苏省、浙江省、上海市等。

(4) 华中地区：包括河南省、湖北省、湖南省等。

(5) 华南地区：包括广东省、广西壮族自治区、海南省等。

(6) 西南地区：包括重庆市、四川省、贵州省、云南省等。

为了能选用合乎各地区情况的人体尺寸，该标准中还提供了上述六个地区成年人体重、身高、胸围三项主要人体尺寸的均值和标准差值。六个地区成年人的体重、身高、胸围的均值和标准差等，见表3-2。

表3-2　我国六个地区人体主要尺寸　　　　　　　　　　　　　单位：mm

项目		东北、华北地区		西北地区		东南地区		华中地区		华南地区		西南地区	
		均值×	标准差SD	均值×	标准差SD	均值×	标准差SD	均值×	标准差SD	均值×	标准差SD	均值×	标准差SD
男	体重/kg	64	8.2	60	7.6	59	7.7	57	6.9	56	6.9	55	6.8
(18~	身高	1693	56.6	1684	53.7	1686	55.2	1669	56.3	1650	57.1	1647	56.7
60岁)	胸围	888	55.5	880	51.5	865	52.0	853	49.2	851	48.9	855	48.3
女	体重/kg	55	7.7	52	7.1	51	7.2	50	6.8	49	6.5	50	6.9
(18~	身高	1586	51.8	1575	51.9	1575	50.8	1560	50.7	1549	49.7	1546	53.9
55岁)	胸围	848	66.4	837	55.9	831	59.8	820	55.8	819	57.6	809	58.8

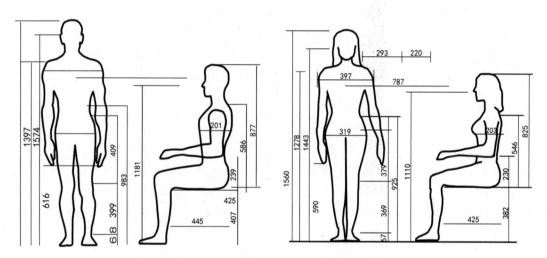

图3-22　男性、女性立姿与坐姿人体参考尺寸

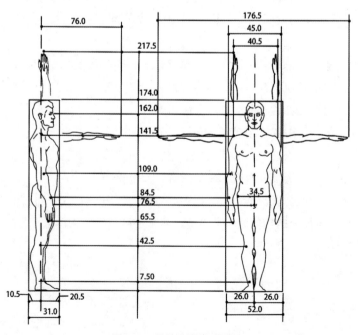

图3-23　男性立姿尺寸图

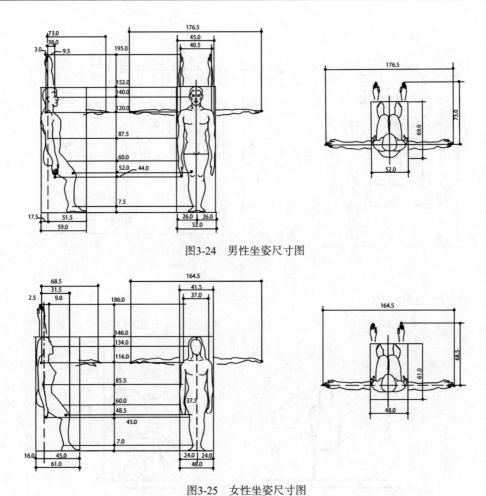

图3-24　男性坐姿尺寸图

图3-25　女性坐姿尺寸图

3.7.2　成年人的人体功能尺寸

人在从事各种工作时都需要有足够的活动空间，工作位置上的活动空间设计与人体功能尺寸密切相关。由于活动空间应尽可能适用于绝大多数人，设计时应以高百分点人体尺寸为依据。所以，均以我国成年男性第95百分点身高(1775mm)为基准。

在工作中常取站、坐、跪、卧、仰等作业姿势。现从各个角度对其活动空间进行分析说明，并给出人体尺度图。

1. 立姿的活动空间

立姿时人的活动空间不仅取决于身体的尺寸，也取决于保持身体平衡的微小平衡动作和肌肉松弛的脚站立在平面不变时，为保持平衡必须限制上身和手臂能达到的活动空间，如图3-26和图3-27所示。

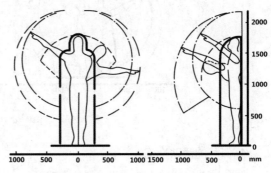

图3-26　立姿的活动空间示意图

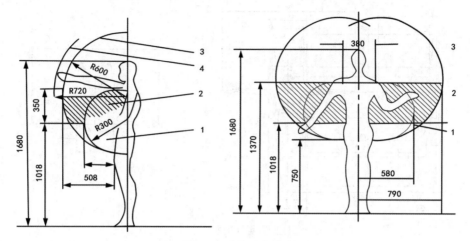

图3-27　立姿动态尺寸

2. 坐姿的活动空间

根据立姿活动空间的条件，给出坐姿活动空间的人体尺寸，如图3-28所示。

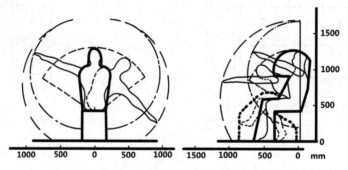

图3-28　人体坐姿活动空间示意图

3. 单腿跪姿的活动空间

根据立姿活动空间的条件，给出单腿跪姿活动空间的人体尺寸示意图。跪姿时，承重膝要常更换，由一膝换到另一膝时，为确保上身平衡，要求活动空间比基本位置大，如图3-29所示。

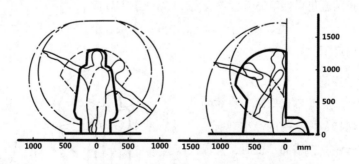

图3-29　人体单腿跪姿活动空间示意图

4. 仰卧的活动空间

仰卧活动空间的人体尺度，如图3-30所示。

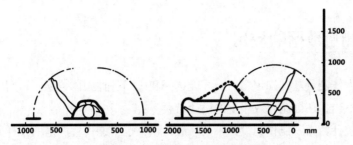

图3-30 人体仰卧活动空间示意图

5. 局部活动尺寸

常用的立、坐、跪、卧等作业姿势活动空间的人体尺度，可满足人体一般作业空间设计的需要。但对于受限作业空间的设计，则需要应用各种作业姿势下人体功能尺寸测量数据，使用时应增加修正余量。局部活动尺寸如图3-31至图3-38所示。

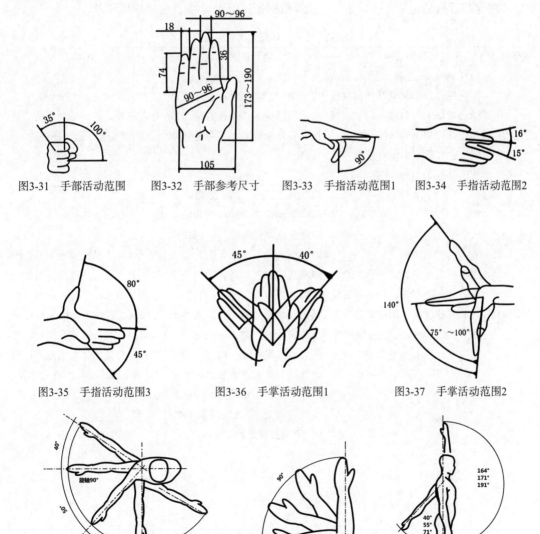

图3-31 手部活动范围　图3-32 手部参考尺寸　图3-33 手指活动范围1　图3-34 手指活动范围2

图3-35 手指活动范围3　　　图3-36 手掌活动范围1　　　图3-37 手掌活动范围2

图 3-38 上肢活动范围

3.8 人体测量数据的应用

只有在熟悉人体测量基础知识之后，才能选择和应用各种人体数据，否则有的数据可能被误用，如果使用不当，还可能导致严重的设计错误。

另外，各种统计数据不能作为设计中的一般常识，也不能代替严谨的设计分析。因此，当设计中涉及人体尺寸时，设计者必须熟悉数据测量的定义、适用条件、百分位选择等方面的知识，才能正确地应用有关的数据。

3.8.1 主要人体尺寸的应用原则

为了使人体测量数据能有效地为设计者所利用，我们精选出部分设计中常用的数据百分点，并将这些数据的定义、应用条件、选择依据等列于表3-3中，仅供读者参考。

表3-3 主要人体尺寸的应用原则

人体尺寸	应用条件	百分点选择	注意事项
身高	用于确定通道和门的最小高度。然而，一般建筑规范规定的和成批生产制作的门和门框高度都适用于99%以上的人，所以这些数据可能对于确定人头顶上的障碍物高度更为重要	由于主要的功用是确定净空高度，所以应该选用高百分点数据。设计者应考虑尽可能适应100%的人	身高一般是不穿鞋测量的，故在使用时应给予适当补偿
立姿眼高	用于确定在剧院、礼堂、会议室等处人的视线；用于布置广告和其他展品；用于确定屏风和开敞式大办公室内隔断的高度	取决于关键因素的变化。例如，如果设计中的问题是决定隔断或屏风的高度，以保证隔断后面人的私密性要求，那么隔断高度就与较高人的眼睛高度有关(第95百分点或更高)。其逻辑是假如高个子的人不能越过隔断看过去，那么矮个子的人也一定不能。反之，假如设计问题是允许人看到隔断里面，则逻辑是相反的，隔断高度应考虑较矮人的眼睛高度(第5百分点或更低)	由于该尺寸是光脚测量的，所以还要加上鞋的高度，男性大约需加2.5cm，女性大约需加7.6cm。这些数据应该将脖子的弯曲、旋转及视线角度的资料相结合使用，以确定不同状态、不同头部角度的视觉范围

(续表)

人体尺寸	应用条件	百分点选择	注意事项
肘部高度	当确定柜台、梳妆台、厨房案台、工作台及其他站着使用的工作表面的舒适高度时，肘部高度数据是必不可少的。通常这些表面的高度都是凭经验估计或是根据传统做法确定的。通过科学研究发现最舒适的高度是低于人的肘部高度7.6cm。另外，休息平面的高度应该低于肘部高度2.5～3.8cm	假定作业面高度为低于肘部高度7.6cm，那么从96.5cm(第5百分点数据)这样一个范围都将适合中间的90%的男性使用者。考虑到第5百分点的女性肘部高度较低，这个范围是88.9～111.8cm，才能对男女使用者都适用。由于其中包含许多其他因素，如存在特别的功能要求和每个人对舒适高度见解不同等，所以这些数值也只是假定推荐的	确定上述高度时必须考虑活动的性质，有时这一点比推荐的"低于肘部高度7.6cm"还重要
挺直坐高放松坐高	用于确定座椅上方障碍物的允许高度。在布置双层床、做节约空间的设计、利用阁楼下面的空间吃饭或工作时，都要由这个关键的尺寸来确定其高度。确定办公室或其他场所的低隔断、确定餐厅和酒吧里的座位隔断数时也要用到这个尺寸	由于涉及间距问题，采用第95百分点的数据是比较合适的	座椅的倾斜、座椅软垫的弹性、衣服的厚度，以及人坐下和站起来时的活动都是要考虑的重要因素
坐姿眼高	当视线是设计问题的中心时，确定视线和最佳视区要用到这个尺寸，这类设计对象包括剧院、礼堂、教室和其他需要有良好视听条件的室内空间	假如有适当的可调节性，就能适应从第5百分点到第95百分点或者更大的范围	应该考虑人的头部与眼睛的转动范围、座椅软垫的弹性、座椅面距地面的高度和可调座椅的调节范围
坐姿的肩中部高度	大多数用于机动车辆中比较紧张的工作空间的设计，很少被建筑师和室内设计师所使用。但是，在设计那些对视觉、听觉有要求的空间时，这个尺寸有助于确定出妨碍视线的障碍物，如在确定火车座的高度及类似的设计中有用	由于涉及间距问题，一般使用第95百分点的数据	要考虑座椅软垫的弹性
肩宽	用于确定环绕桌子的座椅间距和影剧院、礼堂中的排椅座位间距，也可用于确定公用和专用空间的通道间距	由于涉及间距问题，应使用第95百分点的数据	使用这些数据要注意可能涉及的变化。要考虑衣服的厚度，对薄衣服要附加0.79cm，对厚衣服要附加7.6cm。还要注意，由于躯干和肩的活动，两肩之间所需的空间会加大

(续表)

人体尺寸	应用条件	百分点选择	注意事项
两肘之间宽度	用于确定会议桌、餐桌、柜台和牌桌周围座椅的位置		应该与肩宽尺寸结合使用
臀部宽度	对于确定座椅内侧尺寸，设计酒吧、柜台和办公座椅极为有用		根据具体条件、与两肘之间宽度和肩宽结合使用
肘部平放高度	与其他一些数据和考虑因素联系在一起，用于确定椅子扶手、工作台、书桌、餐桌和其他特殊设备的高度	肘部平放高度既不涉及间距问题，也不涉及单手够物的问题，其目的只是能使手臂得到舒适的休息即可。选择第50百分点左右的数据是合理的。在许多情况下，这个高度在14~27.9cm，这样一个范围适合大部分使用者	座椅软垫的弹性、座椅表面的倾斜，以及身体姿势都应予以注意
大腿厚度	用于确定柜台、书桌、会议桌、家具及其他一些室内设备的关键尺寸，而这些设备都需要把腿放在作业面以下。特别是有直拉式抽屉的作业面，要使大腿与大腿上方的障碍物之间有适当的间隙，这些数据是必不可少的	由于涉及间距问题，应选用第95百分点的数据	在确定上述设备的尺寸时，其他一些因素也应该同时予以考虑，如腿弯高度和座椅软垫的弹性
膝盖高度	用于确定从地面到书桌、餐桌和柜台底面距离的关键尺寸，尤其适用于使用者需要把大腿部分放在家具下面的场合。坐着的人与家具底面之间的靠近程度，决定了膝盖高度和大腿厚度是否是关键尺寸		要同时考虑座椅高度和坐垫的弹性
腿弯高度	用于确定座椅面高度的关键尺寸，尤其对于确定座椅前缘的最大高度更为重要	若要确定座椅高度，应选用第5百分点的数据，因为如果座椅太高，大腿受到压力会使人感到不舒服。例如，一个座椅高度能适应小个子的人，也就能适应大个子的人	选用这些数据时必须注意坐垫的弹性
臀部至腿弯长度	用于座椅的设计中，尤其适用于确定腿的位置、确定长凳和靠背椅等前面的垂直面，以及确定椅面的长度	应该选用第5百分点的数据，这样能适应最多的使用者即臀部至膝腘部长度较长和较短的人。如果选用第95百分点的数据，则只能适合长度较长的人，而不适合长度较短的人	要考虑椅面的倾斜度

(续表)

人体尺寸	应用条件	百分点选择	注意事项
臀部至膝盖长度	用于确定椅背到膝盖前方的障碍物之间的适当距离。例如，用于影剧院、礼堂和教堂等的固定排椅设计中	由于涉及间距问题，应选用第95百分点的数据	这个长度比臀部至足尖长度要短，如果座椅前面的家具或其他室内设施没有放置足尖的空间，就应该使用臀部至足尖长度
臀部至足尖长度			如果座椅前方的家具或其他室内设施有放脚的空间，而且间隔要求比较重要，就可以使用臀部至膝盖长度来确定合适的间距
臀部至脚后跟长度	对于室内设计人员来说，这种数据使用是有限的，当然可以利用其布置休息座椅。另外，还可用于设计搁脚凳、理疗和健身设施等综合空间	由于涉及间距问题，应选用第95百分点的数据	在设计中，应该考虑鞋袜对这个尺寸的影响，一般对于男鞋要加上2.5cm，对于女鞋则加上7.6cm
坐姿垂直伸手高度	用于确定头顶上方的控制装置和开关等的位置，所以较多地被工业设备专业的设计人员所使用	选用第5百分点的数据是合理的，这样可以同时适应小个子和大个子的人	要考虑椅面的倾斜度和椅垫的弹性
立姿垂直手握高度	用于确定开关、控制器、拉杆、把手、书架及衣帽架等的最大高度	由于涉及伸手够东西的问题，如果采用高百分点的数据就不能适应小个子的人，所以设计出发点应该基于适应小个子的人，这样也同样能适应大个子的人	尺寸是不穿鞋测量的，使用时要给予适当的补偿
立姿侧向手握距离	有助于设备设计人员确定控制开关等装置的位置，还可以被建筑师和室内设计师用于某些特定的场所，如医院、实验室等。如果使用者是坐着的，这个尺寸可能会稍有变化，但仍能用于确定人侧面的书架位置	由于主要的作用是确定手握距离，这个距离应能适应大多数人，因此，选用第5百分点的数据是合理的	如果涉及的活动需要使用专门的手动装置、手套或其他某种特殊设备，这些都会延长使用者的一般手握距离，对于这个延长量应予以考虑
手臂平伸手握距离	有时人们需要越过某种障碍物去够一个物体或者操纵设备，这些数据可用于确定障碍物的最大尺寸。例如，在工作台上方安装搁板或在办公室工作桌前面的低隔断上安装小柜	选用第5百分点的数据，这样能适应大多数人	要考虑操作或工作的特点

(续表)

人体尺寸	应用条件	百分点选择	注意事项
人体最大厚度	对设备设计人员很有用；有助于建筑师在较紧张的空间里考虑间隙或在人们排队的场合下设计所需要的空间	应该选用第95百分点的数据	衣服的薄厚、使用者的性别及一些不易察觉的因素都应予以考虑
人体最大宽度	用于设计通道宽度、走廊宽度、门和出入口宽度及公共集合场所等	应该选用第95百分点的数据	衣服的薄厚、人行走或做其他事情时动作的影响及一些不易察觉的因素都应予以考虑

3.8.2 人体尺寸的应用方法

1. 确定所设计类型

在涉及人体尺寸的产品设计中，设定产品功能尺寸的主要依据是人体尺寸的百分点数，而人体尺寸百分点数的选用又与所设计产品的类型密切相关。依据产品使用者人体尺寸的设计上限值(最大值)和下限值(最小值)对产品尺寸设计进行了分类，凡涉及人体尺寸的产品设计，首先应按该分类方法确认所设计的对象是属于其中的哪一种类型，见表3-4。

表3-4 产品设计尺寸与产品类型定义

产品类型	产品类型定义	说明
Ⅰ型产品尺寸设计	需要两个人机尺寸百分点数作为尺寸上限值和下限值的依据	又称双限值设计
Ⅱ型产品尺寸设计	只需要一个人机尺寸百分点数作为尺寸上限值或下限值的依据	又称单限值设计
ⅡA型产品尺寸设计	只需要一个人机尺寸百分点数作为尺寸上限值的依据	又称大尺寸设计
ⅡB型产品尺寸设计	只需要一个人机尺寸百分点数作为尺寸下限值的依据	又称小尺寸设计
Ⅲ型产品尺寸设计	只需要第50百分点数作为产品尺寸设计的依据	又称平均尺寸设计

2. 合理选择人体尺寸百分点

产品尺寸设计类型，又按产品的重要程度分为涉及人的健康与安全的产品和一般工业产品两个等级。在确认所设计的产品类型及其等级之后，选择人体尺寸百分点数的依据是满足度。人机工程学设计中的满足度，是指所设计产品在尺寸上能满足多少人使用，通常以适合使用的人数占使用者的百分比来表示。

表3-5中给出的满足度指标是通常选用的指标与特殊要求的设计，其满足度指标可另行确定。设计者当然希望所设计的产品能满足总体中所有的人使用，尽管这在技术上是可行的，但在经济上往往是不合理的。因此，满足度的确定应根据所设计产品使用者总体的人体尺寸差异性、制造该类产品技术上的可行性和经济上的合理性等因素进行综合优选。另外，在设计时虽然确定了某一满足度指标，但用一种尺寸规格的产品却无法达到这一要求，在这种情况下，可考虑采用产品尺寸系列化和产品尺寸可调节性来解决。

表3-5 产品设计尺寸与百分点的选择

产品类型	产品重要程度	百分点的选择	满足度
Ⅰ型产品	涉及人的健康、安全的产品	选用99%和1%作为尺寸上、下限值的依据	98%
	一般工业产品	选用95%和5%作为尺寸上、下限值的依据	90%
ⅡA型产品	涉及人的健康、安全的产品	选用99%和95%作为尺寸上限值的依据	99%或95%
	一般工业产品	选用90%作为尺寸上限值的依据	90%
ⅡB型产品	涉及人的健康、安全的产品	选用1%和5%作为尺寸下限值的依据	99%或95%
	一般工业产品	选用10%作为尺寸下限值的依据	90%
Ⅲ型产品	一般工业产品	选用50%作为产品尺寸设计的依据	通用
成年男、女通用产品	一般工业产品	选用男性的90%、95%或99%作为尺寸上限值的依据；选用女性的1%、5%或10%作为尺寸下限值的依据	通用

3. 确定修正量

有关人体尺寸标准中所列的数据是根据只穿单薄内衣的条件下测得的，测量时不穿鞋或穿着纸拖鞋。而设计中所涉及的应该是在穿衣服、穿鞋甚至戴帽条件下的人体尺寸。因此，考虑有关人体尺寸时，必须为衣服、鞋或帽子留下适当的余量，也就是在人体尺寸上增加适当的着装修正量。

在人体测量时，要求躯干为挺直姿势，而人在正常作业时，躯干则为自然放松姿势，为此应考虑由于姿势不同而引起的变化量。此外，还需考虑实现产品不同操作功能所需的修正量，所有这些修正量的总称为功能修正量。功能修正量随产品不同而异，通常为正值，但有时也可能为负值。

4. 确定心理修正量

为了克服人们心理上产生的"空间压抑感""高度恐惧感"等心理感受，或者为了满足人们"求美""求奇"等心理需求，在产品最小功能尺寸上附加一项增量，称为心理修正量。心理修正量也用实验方法求得，一般通过被试者主观评价表的评分结果进行统计分析，求得心理修正量。

5. 功能尺寸的设定

功能尺寸是指为确保实现产品某一功能而在设计时规定的产品尺寸。该尺寸通常是以设计界限值确定的人体尺寸为依据，再加上为确保产品某项功能实现所需的修正量。产品功能尺寸有最小功能尺寸和最佳功能尺寸两种，具体设定的通用公式如下。

最小功能尺寸=人机尺寸百分点+功能修正量

最佳功能尺寸=人机尺寸百分点+功能修正量+心理修正量

6. 够得到的距离，容得下的间距和可调节性

选择测量数据要考虑设计内容的性质，如果设计要求使用者坐或站着能够得到某处，那么选择第5百分点的数据是适宜的。这个尺寸表示：只有5%的人伸手臂够不到，而95%的人可以够到，这种选择就是正确的。设计中要考虑通行间距尺寸的，应选用第95百分点的数据。例如，设计走廊的高度与宽度如能满足大个子人的需要，也就能满足小个子人的需要。

另外一种情况，就是采取可调节措施。例如，选用可升降的椅子和可调高度的搁板，调节幅度由人体尺寸、工作性质和加工能力所决定。这种调节措施应使设计物或设计环境能满足90%或更多的人。

这里所举的例子只表明应注重各种人体尺度和特殊百分点的适用范围，而实际设计中应考虑适合越多的人越好。如果一个搁板可以容易地降低2.5～5cm而不影响设计的其他部分和造价的话，那么使之适用于98%或99%的人显然是正确的。

3.9 老年人和残疾人的生理特征

3.9.1 老年人的生理特征

世界卫生组织关于人类年龄最新的划分方法是：45岁以下为青年，45～59岁为中年，60～74岁为年轻的老人或老年前期，75～89岁为老年，90岁以上为长寿老人。

一般的人体测量数据是从18～79岁的人中测量搜集而来，显然范围很大，但专门针对老年人和残疾人的各种功能测量很少。

老年人有如下几种身心方面的改变。

(1) 消化系统的改变：口腔、牙齿功能减退，咀嚼不充分，有可能阻碍消化；味蕾萎缩、数目减少，嗅觉减弱，导致味觉功能降低；肠道、胆囊功能减弱，肝细胞减少等，故而影响消化。

(2) 循环系统的改变：心脏细胞老化萎缩，心脏功能降低，心脏疾病的发生率增加。

(3) 呼吸系统的改变：肺容积减少，肺的换气功能和呼吸功能减弱，肺活量下降，导致对外防卫机能减退。

(4) 内分泌系统的改变：各种腺体都随年龄的增加而逐步减小，重量减轻，分泌功能减弱，从而会使各种代谢频率降低或减退。

(5) 神经系统的改变：大脑逐渐萎缩，脑血管壁增厚，弹性降低，血流减慢，从而容易导致脑组织供血、供氧不足，会发生一些心脑血管疾病。

(6) 泌尿系统的改变：肾小球过滤功能下降，膀胱肌肉萎缩，男性前列腺增生肥大，女性尿道钙化导致排尿异常。

(7) 生殖系统的改变：女性生殖器官萎缩退化，男性出现性功能减退。

(8) 运动系统的改变：肌肉减少、骨质疏松、骨质增生等会引起疼痛。

3.9.2 残疾人的生理特征

据不完全统计，全世界残疾人共有几亿，他们从人机测量的角度上可分为以下两大类。

(1) 不能走动者，或称为乘轮椅患者、卧床者。

(2) 能走动的残疾人。对于这些特殊人群，我们必须考虑他们借助的工具是拐杖、手杖、助步车、支架还是用动物帮助自理。这些辅助器材是他们身体功能需要的一部分，所以为了完成设计，除应知道一些人机测量数据之外，还应把这些工具当作一个整体来考虑。

第**4**章

室内空间中的人机参数与人体姿势

主要内容：本章主要讲解作业空间的概念、作业空间的设计要求和步骤、室内生活空间设计、各类空间的功能等。

教学目标：掌握室内空间中人机参数与人体姿势相关知识，理解和认识不同室内空间中的人机参数与人体姿势相关知识，并运用到室内空间及产品设计活动中。

学习要点：学习室内空间中人机参数与人体姿势相关知识，以及不同室内空间中人机参数与人体姿势。

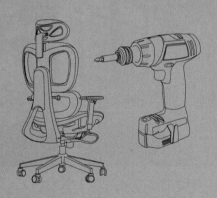

Product Design

4.1 作业空间

4.1.1 作业空间概念

人、设备、工具及操作对象所占据的空间范围称为作业空间。作业空间的设计是按照操作者的操作范围、视觉范围和作业姿势等一系列生理、心理因素，对作业对象、机器、设备、工具进行合理的布局、安排，以便为操作者提供一个最佳的作业环境。

优秀的作业环境，可以使操作者工作舒适、安全、高效，更有利于提高人机系统的作业效率。

4.1.2 作业空间分类

1. 近身作业空间

近身作业空间是指作业者在某一个固定的岗位上，考虑身体的静态和动态尺寸，保持站姿或坐姿等一定的作业姿势时能完成作业的空间范围。例如，报刊亭的室内空间要考虑售卖人员的静态与动态尺寸；公交车内空间要保证乘客的站立、坐姿空间，并能使车内其他人员走动，如图4-1所示。

2. 个体作业空间

个体作业空间是指作业者与作业有关的包含设备因素在内的作业区域。如驾驶室就是一个完整的个体作业空间。它和近身作业空间相比，除了操作者的作业范围，还包含仪器设备的摆放，如图4-2和图4-3所示。

图4-1　公交车内部空间　　　　　　　　　　图4-2　汽车内部操作空间

3. 总体作业空间

许多相联系的不同个体作业空间组合在一起，构成总体作业空间，如大型办公室、机房等。总体作业空间不是直接的作业空间，它更多反映的是多个操作者与使用者之间作业的关系，如图4-4至图4-6所示。

图4-3　个体作业空间

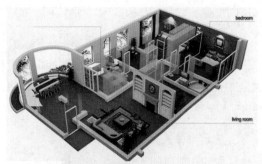

图4-4　总体作业空间(居住)

图4-5　总体作业空间(办公)

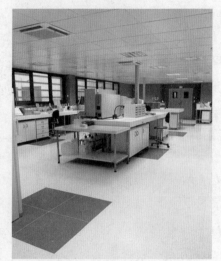

图4-6　总体作业空间(研究室)

4.2　作业空间的设计要求与原则

4.2.1　设计要求

作业空间或设施的设计对人的行为、舒适感与心理满足有很大的影响，所以无论城市、社区、车站，还是办公室、住宅、驾驶室这样的综合环境，布局和安排都要以人为中心，考虑到人与空间、室内设施的关系，最大限度地满足人对空间的要求。通常作业空间设计要求如下。

1. 满足体格最大使用者的间隙要求

间隙是作业空间设计中最重要的问题。在作业空间设计中，间隙设计的问题很多。例如，设备与设备之间的空隙，设备周围的空隙，过道的高度和宽度，要为人的膝部、腿部、肘部、肩部、头部和足部留出尺寸等，这都是间隙设计的问题。

在确定间隙尺寸时，应该取下限数据值，并以最大或者较大体格的相关使用者为依据。同时还要给予适当的补偿量。需要注意的是，确定间隙尺寸时，并不一定是采用较大体格男性的人体测量值。因为,在实践中,有不少岗位是给体格小的人或女性劳动者提供的。

2. 满足体格较小使用者的需要

在作业空间内,作业者经常需要伸手操控机器,或者伸出脚去控制机器。与间隙问题相似的是,不恰当的尺寸会降低操作者的劳动效率,所以要考虑最小体格或较小体格使用者的身体尺度。

3. 满足维修人员的特殊需要

优秀的作业空间不仅要考虑工位的正常功效和日常使用者的需要,而且不能忽视维修人员的需求。他们往往与使用者的差别较大,如工作习惯、身体尺度等,因此,在进行空间规划时,要考虑到这些因素。

4. 满足可调节性的需要

即使是同一个操作者,由于外界环境的变化,自身的活动范围也会改变。例如,随着季节变化,着装会随之发生变化,相应的肢体活动范围就会有变化。所以在进行室内空间规划时,对室内设施的设计要考虑到可调节性,可以调节高度或角度,满足人的需要。同时要对操控装置进行设计,使操作者易于操作。如图4-7所示,可以调节汽车座椅各种尺度,适应人体的不同形态。

图4-7　可调节角度的座椅设计

4.2.2　设计原则

1. 重要性原则

操作上的重要性最优先考虑的是实现系统作业目的的元件或发挥重要功能的元件。一个元件是否重要往往是根据它的作用来确定的,有些元件可能并不经常使用,但却是十分重要的。例如,紧急制动器一旦使用,必须迅速停止程序与进程。

2. 使用频率原则

显示器与控制器应该按照频率优先原则,经常使用的控制器要放到明显的地方。

3. 功能分组原则

在系统作业中,应该按照功能性相关的关系对显示器、操控装置和机器进行适当的编组排列,如温度显示器与温度控制器相应排列,配电指示灯与配电电源安排在同一区域。

4. 使用顺序原则

在设备操作中,为了完成某一动作或达到某一目标,经常按顺序使用显示装置与控制器。这种情况下,元件要按照使用顺序排列布局,以使操作方便高效。例如,开启电源、启动机器、看变速表的指示、变换挡位等。

在进行系统中各种元件布局时,不可能只遵照一种原则。通常重要性和频繁性原则主要对作业场所内元件的区域定位阶段发生作用，而使用顺序和功能性原则侧重在某一区域内对各种元件进行布局。选择何种原则布局，往往是依据理性判断来确定，没有固定唯一的原则，需要灵活使用。

以上这些原则，在作业空间设计的实践活动中，也会存在矛盾，满足了一个原则，就会影响另一个原则。如果按重要性原则进行布置，可能就无法按照功能分组原则进行布局。所以，每条原则都不是唯一固定的，需要具体问题具体分析，灵活使用，统一考虑，全面权衡。

4.3　作业空间的设计步骤

一个设计合理的作业空间应该使作业者观察、操作都很方便，并且在较长时间内维持某一姿势也不会感到劳累。对于简单的作业场所，比较容易实现，但是对于复杂的作业空间，并不太容易。设计师必须从系统的角度考虑整个作业环境，保证作业效率能够最优化。因此，要得到一个优秀的设计方案，必须经过科学、严谨的设计步骤，如前期调研、设计方案、模型论证、反复修改、总结报告等。

4.3.1　作业场所和调研

要制订作业空间的设计目标和要求，实际调研过程是十分重要的。这一阶段的工作内容是研究作业的对象、作业的性质、作业的过程、作业所带的工具和设备等，以及工作人员的身体尺寸、人体模型和人员素质等。

4.3.2　作业空间的初步设计方案

在明确认识作业空间的详细要求后，便可以进行空间的初步规划，即作业空间的总体布局和作业场所的各种设备规划。

4.3.3　建立空间模型和模拟测试

对于重要且复杂的作业环境设计，模型是一项重要的检验手段。它既可以实现设计效果，也可以用于调整设计，还可以通过模拟测试与设计论证检验设计，最终通过设计报告的形式进行总结。

1. 比例模型
比例模型可以是二维的，也可以是三维的，用卡纸、胶合板等制作就可以。模型的评价方法很简单，同时具备简洁、快速的特点。模型可以被用于检验总体作业空间，以及场所布置是否合理，但不能对作业的动作、姿势、舒适性和宜人性进行检测。

2. 模拟装置
相对于比例模型成本高的问题，模拟装置更加实际，作业者可以感受到未来设备或场所的使用性能与舒适性。利用模拟装置，可以记录作业时各种人体尺度，为设计带来便利。

3. 计算机辅助设计

通过计算机软件系统的虚拟仿真探讨作业空间的多种方案，可以避免人力和物力的消耗，并可以从不同的角度和位置评价作业场所的合理性。

4. 设计论证和修改

对设计进行初步论证，对没有体现设计要求的部分进行调整，对不足的地方进行修改，对空间的整体合理性进行全面论证。

5. 完成设计报告

设计报告是设计过程的全面描述，从空间设计概念的建立、问题的提出到最终方案的解决，可以进行全面表达。

4.4 作业空间人体参数

《工作空间人体尺寸》(GB/T 13547—1992)给出了3组、17项与作业空间有关的我国成年人人体尺寸的依据。作业空间立姿、坐姿、跪姿、俯卧姿、爬姿人体尺寸如图4-8至图4-10所示，见表4-1至表4-3。

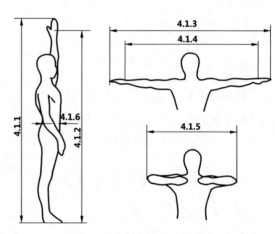

图4-8　作业空间立姿人体尺寸

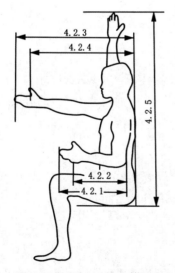

图4-9　作业空间坐姿人体尺寸

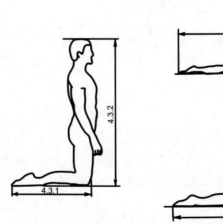

图4-10　作业空间跪姿、仰卧姿、爬姿人体尺寸

表4-1　作业空间立姿人体尺寸　　　　　　　　　　　　　　　　单位：mm

年龄分组	男(18～60岁)							女(18～55岁)						
百分位数	1	5	10	50	90	95	99	1	5	10	50	90	95	99
4.1.1中指指尖点上举高	1913	1917	2002	2108	2214	2245	2309	1798	1845	1870	1968	2063	2089	2143
4.1.2双臂功能上举高	1815	1869	1899	2003	2108	2138	2203	1696	1741	1766	1860	1952	1976	2030
4.1.3两臂展开宽	1528	1579	1605	1691	1776	1802	1849	1414	1457	1479	1559	1637	1659	1701
4.1.4两臂功能展开宽	1325	1374	1398	1483	1568	1593	1640	1206	1248	1269	1344	1418	1438	1480
4.1.5两肘展开宽	791	816	828	875	921	936	966	733	756	770	811	856	869	892
4.1.6立腹厚	149	160	166	192	227	237	262	139	151	158	186	226	238	258

表4-2　作业空间坐姿人体尺寸　　　　　　　　　　　　　　　　单位：mm

年龄分组	男(18～60岁)							女(18～55岁)						
百分位数	1	5	10	50	90	95	99	1	5	10	50	90	95	99
4.2.1前臂加手前伸长	402	416	422	447	471	478	492	368	383	390	413	435	442	454
4.2.2前臂加手功能前伸长	295	310	318	343	369	376	391	262	277	283	306	327	333	346
4.2.3上肢前伸长	775	777	789	834	879	892	918	690	712	724	764	805	818	841
4.2.4上肢功能前伸长	650	673	685	730	776	789	816	586	607	619	657	696	707	729
4.2.5坐姿中指指尖点上举高	1210	1249	1270	1339	1407	1426	1467	1142	1173	1190	1251	1311	1328	1361

表4-3　作业空间跪姿、俯卧姿、爬姿人体尺寸　　　　　　　　单位：mm

年龄分组	男(18～60岁)							女(18～55岁)						
百分位数	1	5	10	50	90	95	99	1	5	10	50	90	95	99
4.3.1跪姿体长	577	592	599	626	654	661	675	544	557	564	589	615	622	636
4.3.2跪姿体高	1161	1190	1206	1260	1315	1330	1359	1113	1137	1150	1196	1244	1258	1284
4.3.3俯卧姿体长	1946	2000	2028	2127	2229	2257	2310	1820	1867	1892	1982	2076	2102	2153
4.3.4俯卧姿体高	361	364	366	372	380	383	389	355	359	361	369	381	384	392
4.3.5爬姿体长	1218	1247	1262	1315	1369	1384	1412	1161	1183	1195	1239	1284	1296	1321
4.3.6爬姿体高	745	761	769	798	828	836	851	677	694	704	738	773	783	802

4.5　人体不同的作业姿势

由于工业生产中工作与任务的性质不同，在人机操作系统中，人的姿势会发生多种变化。一般分为坐姿、立姿和坐立姿交替三种姿势。作业姿势不同，其作业空间的设计也不同。

4.5.1 坐姿作业空间

坐姿是为了从事轻作业、中作业且不要求作业者在作业过程中走动的工作而设计的作业姿势。坐姿作业空间设计主要包括作业面、作业范围、椅面高度及活动余隙等尺寸设计。

1. 作业面尺寸

坐姿工作者高度主要由人体参数和作业性质等因素决定。在正常作业区域内，作业者最好能够在小臂正常放置而上臂自然下垂状态下舒适地操作，前臂接近水平或者稍微下倾地放在工作平面上。采取这种手臂姿势工作，耗能最小，也最省力。所以一般把作业面高度设计成略微低于肘部50~100mm。不同作业性质的工作平面高度也不相同，从事精细的或者需要较多视力的工作时，如装配作业、书写作业等，需要较大的工作台面，同时需要高一些，一般高于肘部50~150mm，因为从事这类工作时，往往需要使操作对象有较近的视距范围。由于降低工作台面有利于使用手臂力量，因此，在从事需要较大力气的重体力工作时，则需要把工作台面的高度设计得低一些，可低于肘部150~300mm，见表4-4。

工作台面的宽度要根据作业的功能来定，如果仅仅为肘靠之用，最小的宽度为100mm，最佳的宽度为200mm；如果是仅当写字台面使用，最小宽度为305mm，最佳宽度为405mm；做办公桌使用时，最佳宽度为910mm；做实验台使用时，根据需要设定。为了保证大腿的容隙，工作台面板厚度一般不超过50mm。

表4-4　坐姿工作时的工作台面高度　　　　　　　　　　　　　　　　　单位：mm

作业类型	对男性的推荐高度	对女性的推荐高度
精细作业	900~1050	890~1000
轻作业	740~780	700~750
用力作业	690~720	660~700

2. 作业范围

作业范围是作业者以站姿和坐姿进行作业时，手和脚在水平面和垂直面内所能触及的最大轨迹。作业范围包括水平作业范围、垂直作业范围和立体作业范围。静态和动态的人体测量尺寸是设计作业范围的重要依据。同时，作业范围的大小受到多种因素的影响，如手臂触及的方向、动作性质及服装限制等。

3. 水平作业范围

水平作业范围是指人坐在工作台前，在水平面上移动手臂所形成的轨迹范围。正常的作业范围是将上臂自然下垂，以肘关节为中心，前臂和手都能够自由达到的区域。在正常的作业范围内，作业者能够舒适愉快地工作。正常作业范围的大小与作业者的性别、民族、手的活动特征，以及方向、工作台的高度相关。美国的专家通过实验提出，在前臂由里侧向外侧做回转运动时，肘部的位置发生了一定的相随运动，因此，手指及点组成的轨迹不是圆弧，而是近似于扁长外摆的特殊曲线。

水平作业范围是指人坐在工作台前，在水平面上移动手臂所形成的轨迹范围，最大的作业范围是指手臂向外伸直，以肩关节为中心，臂和手伸直，手半握，在台面上运动所形成的轨迹。在这个范围内操作，静力负荷比较大，在这样的状态下工作很长时间，会产生疲劳感。

根据手臂的活动范围，可以确定坐姿作业空间的平面尺寸，按照能够使95%的人满意的原则，应该将常使用的操纵器、工具、加工件摆放在正常使用的范围内；将不常使用的设备、控制器、工具等放到最大的作业范围内；将特殊的、引起危害的设备装置放到最大的范围外。

4. 垂直作业范围

从垂直面上看，人体上肢最舒服的作业范围是一个由近高点、远高点、近低点、远点构成的一个近似梯形的形状区域。

5. 立体作业范围

立体作业范围指的是将水平和垂直作业范围结合在一起的三维空间。舒适的空间作业范围一般介于肩和肘之间的空间范围。此时，手臂活动路线最短、最舒适，在此范围内可以迅速并准确地操作仪器。

6. 容隙空间

在设计坐姿专用工作台时，还要考虑作业者在作业时腿部和脚部的灵活、方便，因此，在工作台下的空间设计要足够大。在这种工作台下部能够放下腿的空间就叫作容隙与容脚空间，见表4-5。

表4-5　容隙空间尺寸　　　　　　　　　　　　　　　　　单位：mm

尺度部位	尺寸	
	最小尺寸	最大尺寸
容隙孔宽度	510	1000
容隙孔高度	640	680
容隙孔深度	460	660
大腿空隙	200	240
容腿孔深度	660	1000

7. 椅面的高度和活动余隙

坐姿作业离不开座椅，工作座椅需要占用的空间不仅包含座椅本身的几何尺寸，还包含人体活动需要而改变座椅位置的余隙要求。

(1) 座椅的椅面高度一般略小于小腿高度，以便使下肢着力于整个脚掌，并有利于下肢前后移动，减少臀部压力，避免椅子前沿压迫大腿。

(2) 座椅放置空间的深度距离，也就是台面边缘到固定壁面的距离，至少为810mm，以便作业者起身和坐下时可以移动座椅。

(3) 座椅放置空间的宽度距离应该保证作业者能够自由地伸展手臂，座椅的扶手至侧面固定壁面的距离要大于610mm。

8. 足部作业空间

与用手相比较，脚的操作力更大，但是操作精度低，活动范围小。足部的活动空间位于身体前侧、座面以下的区域，其舒适的作业空间取决于身体尺寸与作业的性质。

4.5.2 立姿作业空间

相对坐姿而言，立姿的作业范围更大，且作业者可以自由移动。立姿作业空间设计主要包括作业面、作业范围和活动余隙等设计。

1. 作业面尺寸

一般而言，人站立时工作较舒适的作业面高度比立姿时肘关节高度低50～100mm。我国男性站立时的平均肘高为1020mm，女性为960mm，所以，对男性较合适的站立时的工作台面高度应该在920～970mm，女性为860～910mm。人们站立工作时的作业面高度还与工作性质有关。例如，精密的工作要求良好的观察，应该适当提高作业面的高度，而重体力劳动则需要较低的作业面以便于手部施力。

在实际设计中，应该尽量设计成可调节高度的工作台。工作台面要考虑大部分操作者的身高，宁可高一些，可以通过提高座椅的高度来配合桌面工作，若是过低，就比较容易疲劳，不符合人机工程学的要求。

2. 作业范围

立姿作业范围与坐姿作业时基本相同。垂直作业范围要比坐姿的大一些，其中也分为正常作业和最大的作业范围，也有正面和侧面之分。最大可及范围是以肩关节为中心，臂长度为半径所画过的圆弧；最大可以抓取的作业范围，是以600mm为半径所画的圆弧；正常或舒适作业半径为300mm左右的圆弧。当身体向前倾时，半径可以增加到400mm。垂直作业范围是设计控制台、配电板、驾驶盘和确定控制位置的基础，见表4-6。

表4-6　人体不同体态最小作业空间　　　　　　　　　　　单位：mm

作业姿势	尺度标记	尺寸		
		最小值	选取值	穿厚重衣服
蹲膝作业	A 高度	120	—	130
	B 宽度	170	92	100
屈膝作业	A 高度	120	—	130
	C 宽度	90	102	110
跪姿作业	E 高度	110	120	130
	D 宽度	145	—	150
	F 手距离地面高度	—	70	—
爬姿作业	G 高度	80	90	95
	H 长度	150	—	160
俯卧作业	I 高度	45	50	60
	J 长度	245	—	—
仰卧作业	K 高度	50	60	65
	L 长度	190	195	200

4.6 室内生活空间设计

4.6.1 室内生活空间的构成因素和特征

1. 家庭组成

随着经济的发展，社会的进步，以及生育政策的变化，我国家庭结构发生了明显的变化，人们对于住房有了新的要求，而老龄化社会进程也在加快，在我们的室内生活空间设计中，应充分考虑这一发展趋势。

2. 家庭活动效率及特征

人的一生有一半的时间是和家人在家庭中度过的。家庭是一个人一生中重要的部分，家庭生活也占据大部分时间。家庭生活主要有会客、休息、起居、学习、餐饮、家务、卫生、娱乐等。在这些活动中，家务劳动所付出的能耗最大，据统计，一个家庭主妇的能耗相当于一个生产线工人的能耗。

家务劳动属于体力劳动，从某种程度上讲，也属于操作工作，但是这种操作是在室内空间完成的，又有许多灵活性，因此也具备自身的特点及要领。家务劳动要由不同的动作与姿势来完成。由于姿势的不同，家务劳动所花费的能耗是不同的。例如，弯腰擦地板比跪着洗地板能耗多70%，能耗的大小决定了劳累程度。一般情况下，人的工作效率为30%，而家务工作效率更低，如弯腰整理床，只有6% ~ 10%。大部分的能耗转化为热能。在家务劳动中应尽量采用适当的姿势，过分的弯腰和走动都是不适当的。这就要求设计室内空间时，尤其是家具设备的不同功能时，尽可能减少弯腰动作。

3. 家庭活动特征

家庭活动特征见表4-7。

表4-7 家庭活动特征

0.75	项目	集中	分散	隐藏	开放	安静	活跃	柔和	光洁	日照	通风	隔声	保温
休息	睡眠		✓	✓		✓		✓		✓	✓	✓	✓
	小憩		✓	✓		✓		✓		✓	✓	✓	✓
	养病		✓	✓		✓		✓		✓	✓	✓	✓
	更衣		✓	✓		✓		✓					✓
学习	阅读		✓			✓		✓		✓			
	工作	✓				✓		✓					
起居	团聚	✓			✓		✓	✓			✓	✓	✓
	会客	✓			✓		✓	✓			✓	✓	✓
	音像	✓			✓		✓	✓					
	娱乐		✓		✓		✓				✓	✓	✓
	运动	✓			✓		✓				✓	✓	✓
饮食	进餐	✓				✓	✓		✓		✓	✓	✓
	宴请	✓			✓		✓		✓		✓	✓	✓

(续表)

0.75	项目	集中	分散	隐藏	开放	安静	活跃	柔和	光洁	日照	通风	隔声	保温
家务	育儿		✓				✓		✓	✓	✓	✓	✓
	缝纫		✓				✓		✓		✓	✓	
	炊事		✓				✓		✓		✓	✓	
	洗晒		✓				✓		✓		✓	✓	
	修理		✓				✓		✓		✓	✓	
	贮藏		✓				✓						
卫生	洗浴	✓		✓			✓		✓		✓		✓
	便溺	✓		✓			✓		✓		✓		
交通	通行	✓			✓		✓		✓				
	出口	✓			✓		✓		✓				

4.6.2 居住行为与空间组合

1. 室内活动功能分析

如图4-11所示，每一个圆圈表示一种功能空间，它可以是一个建筑实体，也可以是利用家具、隔断或设备所构成的概念空间。它们之间的相对位置，也显示了室内生活空间的功能属性与分布。图中利用连线将它们连接起来，表示功能之间关系密切的程度，连线可能是过道，也可能是一扇门或一种虚拟的路径。功能分析图为室内空间布局设计提供了依据。

2. 家居空间组合

不同的功能区域要有不同的空间。根据家庭生活各自功能要求和空间的性质，家居空间可分为四部分：个人活动空间、公共活动空间、家居活动空间、辅助活动空间。它们各自有一定的独立性，同时又有相关性，如图4-12所示。

空间组合原则：功能分区、动静分区、主次分明、公私分离、食寝分离、居寝分离、洁污分离，同时注意各空间之间联系的紧密性。

在室内空间布局中应注意分区明确，这里主要是指动静分区。家居中根据功能的不同，可分为两大类：一类是公共活动的部分，如起居室、餐厅及家务区域的厨房都属于人的动态活动较多的范围，属于动区。其特点是参与活动的人多，群聚性强，声响较大，这部分空间可靠近住宅的入口处；另一类空间如卧室、卫生间、书房，则需要安静、隐秘，应该布置在远离入口的区域，并采取相应的措施，如设置走廊、隔断、凹入等手段让其相对隐蔽，使隐私得到保障。

在家居中，动静区域在布局和物理技术手段上一般需采取必要措施进行分隔，以免形成混

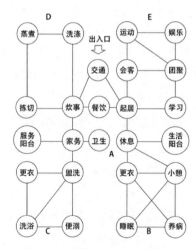

图4-11 居住行为空间秩序模式

图4-12 家居空间的组合关系

杂，以至影响人的睡眠及心理，如：

(1) 卧室的门直接对着客厅，会使主客都感到不适。

(2) 卫生间的门直接对着客厅，会使人很尴尬。

家居中起居室与各空间联系的紧密性如图4-13所示，其中起居室与餐厅联系最为密切，所以一般这两个空间位置也较接近。

3. 家居空间尺度构成

(1) 人体活动空间：根据单位容量和人数可求出整体容量。

(2) 家具设备空间：含家具设备"活动空间"。

图4-13　户内空间流动行为模式

(3) 交通空间：走廊或者过道。

(4) 心理空间：可以放松心理的空间，如客厅、休息室等。

4.6.3　家居空间尺度设计与要求

1. 客厅空间与人的尺度关系

客厅是家庭日常生活活动的主要空间。由于居住条件有限，客厅一般都是一厅多用。在现代家庭中负有联系内外、沟通宾主的任务，同时又是家人团聚、休息、娱乐、学习活动的场所。因而，客厅是现代家庭生活的中心。

客厅作为招待访客和家人休闲的场所，应充满亲切和谐、轻松自如和自由开放的气氛。这不仅会使客人轻松亲切，有宾至如归的感觉，也会使家人感到舒适愉快。同时客厅又主要是适合家庭自身的生活形态，并为之服务的。它应是实用美观的，具有浓厚的家庭生活性格，展示出家庭审美、信仰等生活风格。

客厅空间的多用途，依需要可分为会客聚谈休息区、试听欣赏区、学习和写作阅读区、娱乐区等。客厅设计中的基本要求有以下几点。

(1) 空间的宽敞化：在客厅设计中，制造宽敞的感觉是一件非常重要的事，宽敞的感觉可以带来轻松的心境和欢愉的心情。

(2) 景观的最佳化：在室内设计中，必须确保从哪个角度看到的客厅都具有美感，这也包括主要视点(沙发处)向外看到的室外风景的最佳化。客厅应是整个居室装修得最漂亮或最有个性的空间。

(3) 交通的最优化：客厅的布局应是最为顺畅的，无论是侧边通过式的客厅还是中间横穿式的客厅，都应确保顺畅进入客厅或通过客厅。

(4) 功能区的划分与通道应避免干扰。

图4-14至图4-20为客厅中沙发及其不同摆放方式的尺寸。

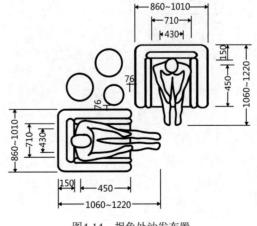

图4-14　拐角处沙发布置

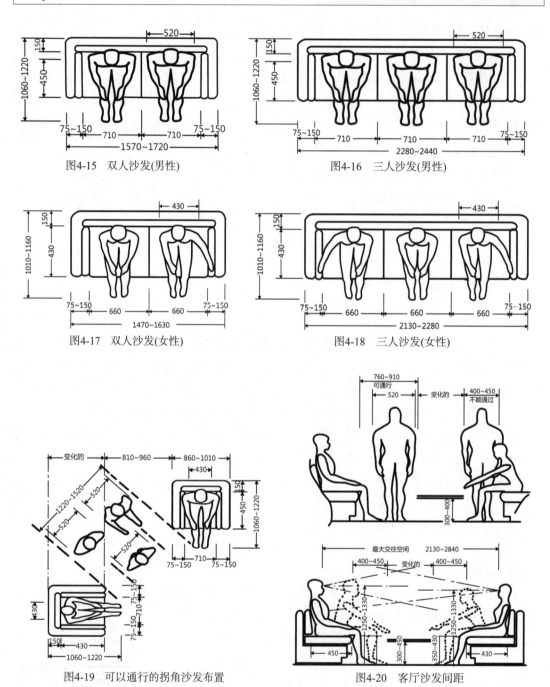

图4-15 双人沙发(男性)　　图4-16 三人沙发(男性)

图4-17 双人沙发(女性)　　图4-18 三人沙发(女性)

图4-19 可以通行的拐角沙发布置　　图4-20 客厅沙发间距

2. 餐厅空间与人的尺度关系

餐厅是家庭中一处重要的生活空间,舒适的就餐环境不仅能够增强食欲,更使得疲惫的心在这里得到彻底的松弛和释放,为生活带来一些浪漫和温情。

餐厅的设计注重的是实用功能和美化功能,整个空间大的主色调应以明朗、轻快的颜色为主,特别是代表食品的橙色或黄色,这些色调有刺激人的食欲之功效。

餐厅的设计风格除应考虑与整个居室的风格相一致,在氛围营造上还应把握亲切、淡雅、温暖、清新的原则，假如餐厅面积较小，可考虑在餐桌靠墙的一面装上大的墙镜，既增强了视觉通透感，又通过反光使居室显得明亮，整个空间也感觉开阔了许多。

设计要点：餐厅可单独设置，也可设在起居室靠近厨房的一隅。就餐区尺寸应考虑便于人的来往、就座等，如图4-21至图4-24所示。

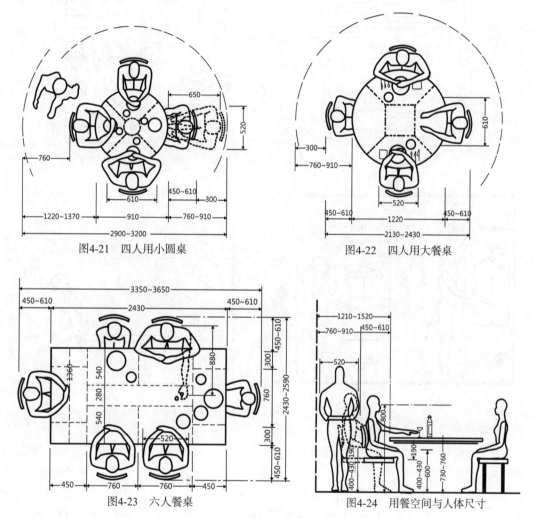

图4-21 四人用小圆桌　　　　　　　　　图4-22 四人用大餐桌

图4-23 六人餐桌　　　　　　　　　图4-24 用餐空间与人体尺寸

3. 卧室空间与人的尺度

卧室的布置应以舒适、利于睡眠为重点。首先应确定卧室环境的基调，创造室内典雅的气氛，主要依靠色彩的表现力。一般来讲，卧室色彩应该以低纯度为主，要避免两种色彩面积相同或接近，以形成有主次、有基调的视觉感受。局部面积可以做高纯度处理，如陈列品或家具的高纯度，并且与周围的背景做对比处理。总之，在统一的色彩主调中，有跳跃的色彩对比，更具有装饰效果，以达到低纯度中有鲜艳、协调中有对比的生动效果。

设计要点：卧室的功能布局应有睡眠、贮藏、梳妆及阅读等部分，平面布局应以床为中心，睡眠区的位置应相对比较安静，如图4-25至图4-28所示。

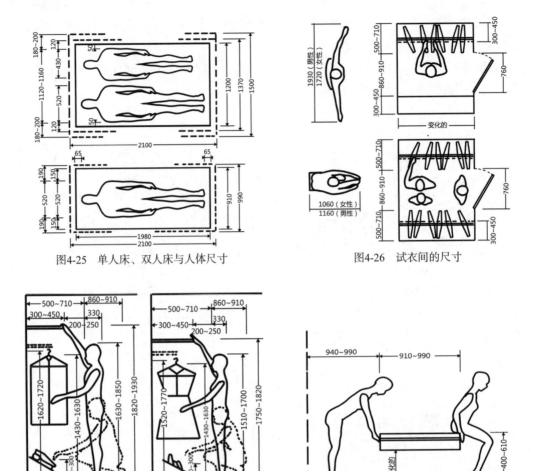

图4-25　单人床、双人床与人体尺寸

图4-26　试衣间的尺寸

图4-27　壁橱的尺寸

图4-28　卧室空间与人的尺度关系

4. 厨房的空间与人的尺度关系

随着人们物质生活水平的提高和住宅条件的改善，人们对厨房布置及家具功能设计的要求也相应提高了，这就给设计者提出了一个新的课题，设计时既要做到功能与美感相结合，又要做到功能与尺寸相协调。尤其是厨房家具，无论怎样进行布局与设计都应给操作者提供一个方便、舒适、干净、明快的环境，使操作者劳动强度降到最低。厨房的空间尺度设计要求有以下四方面。

1) 厨房中的操作流程

厨房中的操作流程是指将开始准备材料、清洗、切菜、烹饪等环节，每一个环节都要连接起来，而且又互不干扰，才能达到省时、省力的目的。

设计要点：厨房设备及家具的布置应按照烹饪操作的顺序来布置，以方便操作，避免走动过多。平面布置除了要考虑人体和家具尺寸外，还应考虑家具的活动所占空间。

2) 厨房布局形式

厨房的布局形式一般包含以下几种。

(1) 一字形：它是最简单的一种形式，所有的家具都依一面墙排列，动线成直线形，一般这类设计在小面积厨房中较为常见。

(2) 平行式(也称对称式、走廊式)：将家具依两个相对墙壁设置，比一字形储藏面积大，但操作不太方便，操作时身体要经常转动180°。

(3) 形：这种类型设计是沿墙角双向延伸，操作程序不重复，容易安排流畅的操作流程，但其转角部分(墙角)使用效率较低。

(4) U形：依墙布置成U形，动线最短，一般适合较大面积厨房使用。

3) 厨房家具与人的关系

厨房的储物性家具要求存取方便。根据存取尺度来换分，可分三个区域。如图4-29所示，第一区域是以肩为轴，上肢为半径的范围内，存取物品最方便，因此，这个区为最常用区域，也是人的视线最容易看到的区域。

根据我国人体的高度，操作台范围是800～850mm，吊柜深度范围是250～350mm，吊柜与操作台面距离为600mm左右，排烟罩与操作台距离以800mm为宜。

4) 厨房中小件物品存放

厨房内小件物品多，如果处理得不好就会显得杂乱无章，影响人的视觉与心理，在存放这些物品时，既要考虑到存取方便，又要考虑到安全、卫生等因素。例如，餐勺、餐刀叉、筷子等可放置在抽屉中；勺、铲、漏勺等可放在勺架上；调味品种类多，在放置时可用专业器皿等。这样放置物品既卫生又方便。图4-30至图4-33为厨房中的常用尺寸。

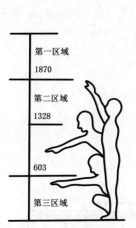

图4-29 人体高度与柜类家具的高度关系

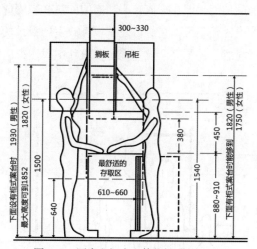

图4-30 厨房空间内人体能够到的尺寸

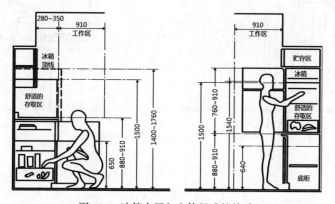

图4-31 冰箱布置与人体尺寸的关系

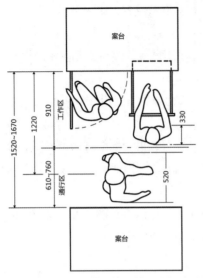

图4-32 厨房平面空间与人体尺寸的关系

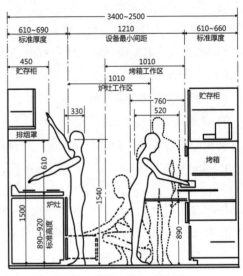

图4-33 炉灶布置与人体尺寸

5. 卫生间

就建筑功能而论，每一种类型的建筑物都存在核心功能，这决定了建筑物的性质；同时也存在辅助功能，即在完成核心功能的同时必须完成的辅助性功能。我们对核心功能一般都比较熟悉，也比较重视，在进行建筑设计或室内设计的过程中都会比较注意，然而对辅助性功能就不那么注意，甚至完全被忽视。在设计中我们也应该关注辅助功能，如图4-34和图4-35所示。

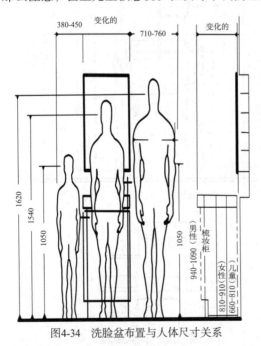

图4-34 洗脸盆布置与人体尺寸关系

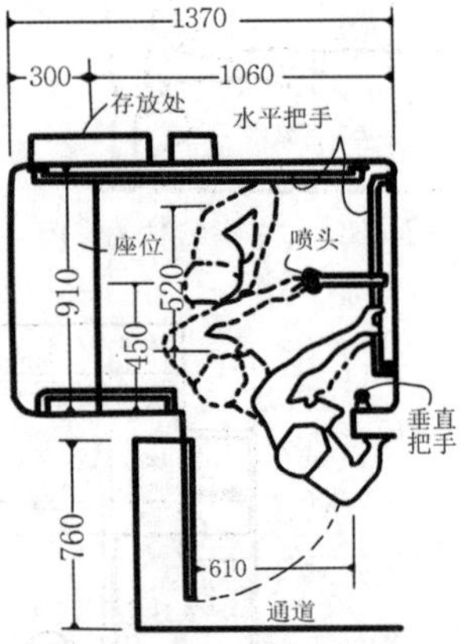

图4-35 淋浴间平面布置与人体尺寸关系

1) 卫生间空间设计的要求

(1) 从人们的健康角度出发，卫生间应至少具有三件套设施，即洗手盆(浴室柜)、蹲(坐)便器、淋浴器(浴缸)，综合考虑盥洗、如厕和洗浴三种使用功能。浴具宜有冷、热水龙头，淋浴或浴缸宜用活动隔断分隔。卫生洁具的选用应整体协调。

(2) 如果卫生间空间充足的话，应设置洗衣机的位置及上下水条件。

(3) 卫生间应满足人体行为尺度和工效学的需要，宜按功能分隔，尽量做到干湿分离。

(4) 卫生间应尽量保证自然通风、采光。各种竖向管线宜集中敷设，并在墙角处形成管线区，横向管线宜设于设备下部，使其隐蔽。电器设备选用应符合电器安全的有关规定。

(5) 地面宜用地砖、石材等防水、防滑、耐脏、易于清洗的材料。墙面宜采用光洁素雅的瓷砖，以方便后期打理。顶棚一般采用集成吊顶，美观而实用。

2) 卫生间空间设计的注意事项

(1) 空间划分：理想的卫生间最好卫浴分区或卫浴分开，如不能分开，也应在布置上有明显的划分，尽可能设置隔屏、帘等。如空间允许，洗脸梳妆部分应单独设置。小面积的卫生间选择洁具时，必须考虑留有一定的活动空间，洗手台、坐便器最好选择小巧的；淋浴器要靠墙角设置。

(2) 通风：卫生间里容易积聚潮气，所以通风特别关键。有窗户的明卫最佳。如果是暗卫，要注意安装性能较好的排气换气设备，尽量使用敞开式或防水防潮性能好的浴室柜，以保持卫生间的干净、整洁。

布局合理的卫生间应当有干燥区和非干燥区。非干燥区不利于储物，即使是干燥区，卫生纸、毛巾、浴巾等如果长期放置，也一定要用隔湿性好的塑料箱存放，避免受潮，要保证它们拿出来使用时没有水汽。

(3) 光线：明卫可以有自然光照射进来，暗卫所有光线都来自灯光和瓷砖自身的反射。卫生间应选用柔和而不直射的灯光；如果是暗卫而空间又不够大时，瓷砖不要用黑色或深色调的，应选用白色或浅色调的，使卫生间看起来宽敞、明亮。

(4) 下水：下水是卫生间清洁的重要一关，要特别注意以下几点：地漏水封高度要达到50mm，才能不让排水管道内的气体返入室内；地漏应低于地面10mm左右，并且周围地面要有一定的倾斜度，以方便排水，否则容易造成堵塞；如果地漏四周很粗糙，则容易挂住头发、污泥，造成堵塞，还特别容易繁殖细菌，地漏箅子的开孔孔径应该控制在6~8mm，这样才能有效防止头发、污泥、沙粒等污物进入地漏。

(5) 复式结构的房子中卫生间不宜设置在卧室、起居室、厨房的上层，否则应有可靠的防水、隔声和便于检修的措施。

4.7　各类空间的功能分析

4.7.1　普通办公室处理要点

传统的普通办公室空间比较固定，如为个人使用，要考虑各种功能的分区，既要分区合理，又应避免过多走动。

如为多人使用的办公室，在布置上首先应按工作的顺序来安排每个人的位置及办公设备的位置，应避免相互干扰。其次，室内的通道应布局合理，避免来回穿插及走动过多等问题出现，如图4-36和图4-37所示。

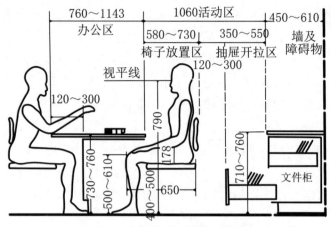

图4-36　工作单元与人体尺寸关系

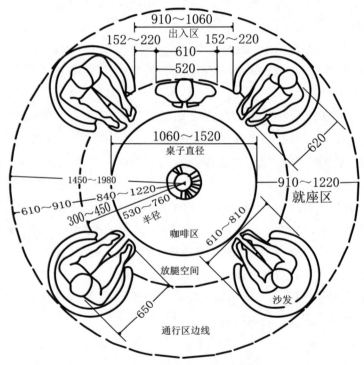

图4-37　办公室俯视空间与人体尺寸关系

4.7.2　开放式办公室处理要点

开放式办公室是很流行的一种办公室形式，其特点是灵活可变，由工业化生产的各种隔屏和家具组成。处理的关键是通道的布置。办公单元应按功能关系进行分组，如图4-38所示。

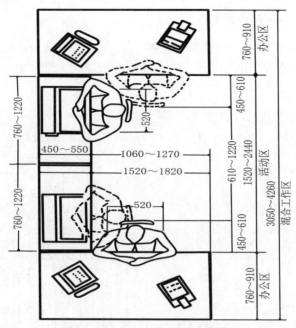

图4-38　组合工作单元与人体尺寸关系

4.7.3　银行营业厅空间处理要点

银行营业厅分为大型营业厅和小型储蓄所。储蓄所比较简单，而大型营业厅因营业内容多，一般分成多个柜台和若干个洽谈室。

4.7.4　邮政营业厅空间处理要点

(1) 邮政营业厅的规模不同，内部的功能构成也不同。小型的营业厅只有信函、包裹邮寄等业务；规模大的综合型营业厅还可能附设报刊征订、集邮等业务。

(2) 顾客活动区应设置填写台，布局应不影响人流交通，有充足空间的话，应设立供顾客等候用椅。

4.7.5　车站售票处空间处理要点

(1) 售票处根据车站的规模、性质不同，可放在综合性的车站大厅内，也可单独设置。

(2) 售票厅内的旅客购票行列一般按2人/m考虑，每人排队长度为0.45m。

(3) 单独设立的售票处，厅内旅客的停留面积应该适当加大。停留区内可设休息椅、时刻表等，方便旅客使用。

(4) 大型车站内的售票处还可设置解答问题的问询处或自动问询设备。

(5) 售票柜台、售票口的间距应该确定合理的尺寸。售票口前可设立栏杆，以维护旅客购票秩序。

(6) 售票室内的各种时刻表、显示板和布告栏等位置和尺寸都应让旅客很容易看到。

4.7.6 候车室空间处理要点

(1) 在较大的车站内，候车室一般单独设置，功能也比较明确；在较小的车站内，经常将售票等其他功能与候车合为一体，因此，空间处理应适当划分功能区域，通道和旅客停留区应明确分开。

(2) 在等候区可根据情况适当设置售卖与娱乐设施。图4-39和图4-40为候车室常用的尺寸。

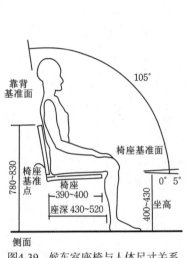

图4-39　候车室座椅与人体尺寸关系

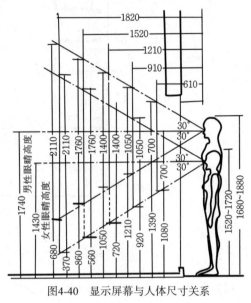

图4-40　显示屏幕与人体尺寸关系

4.7.7 宾馆门厅空间处理要点

(1) 宾馆门厅一般分为交通和接待两部分。大型的高级酒店还设有内庭花园及其他服务设施。

(2) 接待部分主要包括房间登记、出纳、行李房、旅行社等。

(3) 接待部分的总服务台应该布置在门厅内最明显的位置，以方便旅客，如图4-41和图4-42所示。

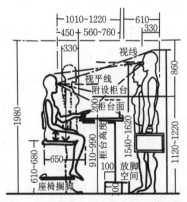

图4-41　接待处、柜台高度与人体尺度

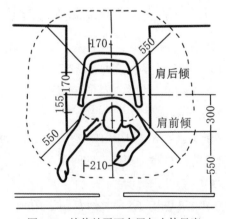

图4-42　接待处平面布置与人体尺度

(4) 服务台的长度与面积应根据大厅面积确定。

(5) 靠近服务台的接待区内应设置适当的休息区域，便于旅客休息等候。

4.7.8　酒店标准间空间处理要点

(1) 一般客房设有单独的卫生间，每间1~2张床。

(2) 客房内家具布置以床为中心，床一般靠向一面墙壁。其他空间可放置梳妆台、电视机及行李架等。

(3) 客房内走道宽度要适中，尽可能方便客户在室内的活动。

4.7.9　视听空间处理要点

(1) 视听空间中的座位分活动和固定两种。固定座位的位置应考虑视线问题，如空间较大、座位较多时，还应按照当地防火规范设置适当的通道及出入口，如图4-43和图4-44所示。

(2) 视听室与操作控制室应有直接的联系通道，以便工作人员操作。

(3) 大型视听空间内如需要，可设小舞台或活动舞台。

(4) 大型视听空间应设有适当的休息室，供演讲人休息。

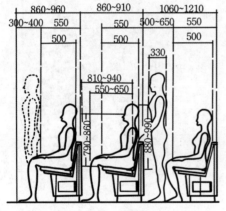

图4-43　视听空间与人体尺寸关系

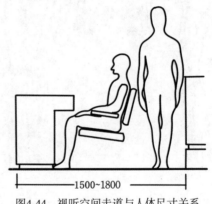

图4-44　视听空间走道与人体尺寸关系

4.7.10　展览陈列空间处理要点

(1) 展览陈列空间主要分为陈列和服务两部分，各部分可视具体情况增减。

(2) 参观路线的安排是展览布局的关键，根据不同的展览内容需要做适当的布置；连续性强的——串联式；各个独立的——并行式或多线式。

(3) 陈列布局应满足参观路线要求，避免迂回、交叉，合理安排休息处，展品及工作人员出入要方便。

4.8 家具设计

4.8.1 人体坐姿生理解剖基础

1. 脊柱与椎间盘

人体骨骼共有206块，支撑头颅与全身的骨结构为脊柱、骨盆与下肢。人的脊柱由颈椎、胸椎、腰椎、骶骨、尾骨组成，如图4-45所示。

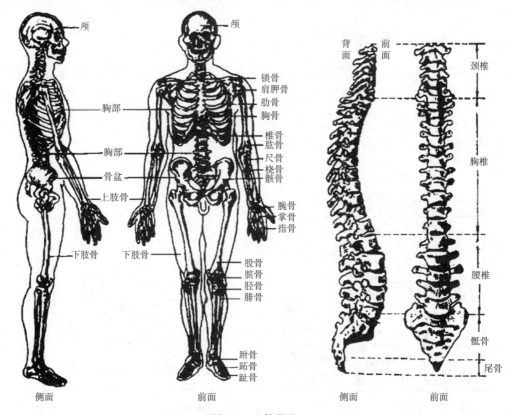

图4-45　人体骨骼

脊椎骨之间的软组织称为椎间盘。全部椎间盘的厚度约占脊柱总长度的1/4，其中以腰椎段的椎间盘最厚，所以腰椎活动较大。

2. 坐姿脊柱形态的变化及其生理效应

对于人直立时脊柱的正常生理弯曲状态，应注意的形态特征是腰椎段向前凸出的弧形，曲度较大，如图4-46所示。

坐姿会引起脊柱形态改变。坐姿时大腿骨连带髋骨一起转动90°，从而带动整个脊柱曲度发生变化，而其中腰椎变化最大，腰椎由向前凸出变为向后凸出，此时腰椎骨间的压力

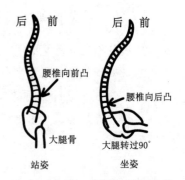

图4-46　人体坐姿脊柱形态的变化及其生理效应

无法维持正常，这对坐姿的舒适性产生了影响。若座椅有靠背且有一定的后仰角度，使整个身体能较多地由靠背分担，那么脊柱变化对舒适性产生的影响则有所缓解。

3. 坐姿下的体压

椅面上臀部与大腿的体压：骨盆下两个坐骨粗大健壮，局部皮肤厚实，由此处承受坐姿的大部分体压比均匀分布更加合理。但压力过于集中，会阻碍微血管血液循环，局部神经末梢受压过重也不好。

影响椅面上体压的主要因素是椅面软硬、椅面高度、椅面倾角及坐姿等。

椅面软硬与椅面体压：人坐在硬椅面上，上身体重约75%集中在两坐骨骨尖下各25cm^{2}的面积上，体压过于集中。硬椅面上加一层薄软的垫子，坐骨下的压力峰值将大幅度下降，可改善体压分布情况，但坐垫太软、太厚，使体压分布过于均匀也不合适。

座面倾角和坐姿对椅面体压的影响：前倾坐姿(如打字)与后仰坐姿(如休息)的体压分布是不同的。

4.8.2 座椅的功能尺寸

座椅的功能尺寸和形态应随着就座的目的不同而不同。座椅可分为工作椅、休闲椅、办公椅等。

1. 座面高度

1) 工作座椅

工作座椅座高的设计要点如下。

(1) 大腿基本水平，小腿垂直可获得地面支撑。

(2) 腘窝不受压。

(3) 臀部边缘和腘窝后部的大腿在椅面获得"弹性支撑"。

符合上述要求的工作椅高度为：比坐姿腘窝高低10~15mm。

工作椅高度=膝腘高度+(女鞋20或男鞋25)-(裤厚6)-(10~15)

我国男女通用的工作椅座面的高度调节范围为346~457mm，一般工作椅座高为400mm。此外，座高也与人的习惯有关。

2) 其他座椅

非工作椅的高度与工作椅的要求不同，大部分非工作椅为了坐姿舒适，座高要比工作椅低一些。

2. 靠背的形式和倾斜角度

(1) 工作椅：工作椅的靠背主要不是为了支撑身体，而是为了维持脊柱的良好形态，避免腰椎严重后凸。因此，工作椅的靠背主要是腰靠，即在第三、四腰椎的位置上，提供尺寸、形状、软硬适当的顶靠物(腰靠高165~210mm，无级调节)。

(2) 休息椅：休息椅的靠背是后仰的，靠背功能的要点转向支撑躯干的体重、放松背肌，宜在第八胸椎骨的位置提供倚靠。安乐椅、躺椅等长时间休息的用椅，为缓解颈椎的负担，最好能提供头枕。

(3) 办公椅：办公椅介于工作椅和休息椅之间，可采取以支承躯干体重为主的靠背。

3. 座深

座深指座面前沿到后沿的距离，座深对人体坐姿的舒适度影响也很大，如座面过深，超过大腿长度，人体靠上靠背将有很大的倾斜度，腰部则因缺乏支撑点而悬空，加剧了腰部肌肉的活动强度而致使疲劳感产生。同时座面过深，会使腘窝处受压而产生麻木感，而且也难以起立，所以座深过浅同样也是不利的。因此，座深设计应适中，通常座深应小于坐姿时大腿的水平长度，使座面前沿离小腿有一定距离(60mm)，以保证小腿有一定的活动自由。我国男性坐姿大腿水平长度为457mm，女性为433mm，所以座深一般为380～420mm。同时，座深也与工作性质有关。工作椅由于工作时腰椎至骨盘之间呈垂直状态，所以座深可以浅一些；而休息椅因为就座者小腿前伸，腘窝不易受压，同时增大座面面积能降低座面体压，所以座深可大些。但座深过大会让老年人站起来较困难。

4. 座宽

座宽根据人的坐姿及动作而定，往往呈前宽后窄的形状，座宽应使臀部得到全部支撑，并适当放宽，便于人体姿势的变换和调整。一般我国男性95%臀宽为334mm，女性为346mm，所以一般座宽应大于380mm。对于有扶手的靠椅，要考虑人体手臂的扶靠，以扶手的内宽作为座宽，其尺度以人体及肩宽为依据(人体最大宽度男性95%为469mm)，一般座宽应不小于460mm，但也不要过宽，以自然垂臂的舒适姿态为准，见表4-8。

表4-8　座椅靠背形式与其使用条件

名称	支承特性	支承中心位置	靠背倾角	座面倾角	使用条件
低靠背	1点支承	第三、四腰椎骨	≈93°	≈0°	工作椅
中靠背	1点支承	第八腰椎骨	105°	4°～8°	办公椅
高靠背	2点支承	上：肩胛骨下部	115°	10°～15°	大部分休息椅
		下：第三、第四腰椎骨			
全靠背	3点支承	高靠背的2点支承再加头枕	127°	15°～25°	安乐椅、躺椅等

5. 扶手

扶手主要有如下功能。

(1) 用手臂支撑起座，调节体位，尤其是躺椅和安乐椅。

(2) 支撑手臂重量，减轻肩部负担。

(3) 对座位相邻者形成身体和心理上的隔离。

扶手过高，会使肩部耸起；扶手过低，起不到支撑大小臂的作用，均会使肩部肌肉受力紧张，要避免这种情况。扶手高度宜略小于坐姿肘高(坐姿肘高，女性5%为215mm，男性95%为298mm，一般扶手表面至座面高200～250mm，同时扶手前端略可升高)。

4.8.3 坐姿与椅垫

椅垫的生理学评价要素包括椅垫的软硬性能(也就是力学性能或机械性能)和椅垫材质对于皮肤的生理舒适性。

1. 椅垫的软硬性能

硬椅面使局部体压过大,让人难受。椅垫过厚过软,会使体压过于均匀,不利于通过活动做生理调节,既不舒适,还容易使人提不起精神。在硬座面上加一层薄软垫子,形成软硬适中的椅面会起到较好的效果。

2. 椅垫材质的生理舒适性

(1) 椅垫材质的皮肤触感:触感应柔软、舒适。

(2) 椅垫的微气候条件:椅垫蒙面材料应透气性良好,能保持皮肤的干爽;保温性适当,不要过强或过弱;表面不要过于光滑,触感好。

4.8.4 作业面的高度与办公桌设计

作业面的高度是决定工作时的身体姿势的重要因素,不正确的作业面高度将引起身体的歪曲,以致腰酸背痛。不论坐着还是站着工作,都存在一个最佳作业面高度的问题,这里要强调的是:桌面高度不一定等于作业面高度,因为工作用品本身可能也有一定高度,如打字的键盘。

一般情况下,手在身前工作时,肘部自然放下,手臂内收呈直角时,作业效率最佳。研究表明:最佳作业面高度在人肘下76mm(50～100mm)处。

作业面高度设计要按照不同姿势进行设计。

1. 站立作业

站立作业的最佳作业面高度在肘以下50～100mm,男女平均肘高位1050mm、980mm,因此,作业面高度为900～950mm。此外,作业面高度还受作业性质的影响。

(1) 对于精密工作,作业面应上升到肘以上50～100mm处,以适应眼睛观察距离。同时,给肘部一定支撑,以减轻背部肌肉静态负荷(男性1000～1100mm,女性950～1050mm)。

(2) 若作业体力强度大,作业面应降到肘以下150～400mm处。对于不同的作业性质,必须具体分析其特点,以确定最佳作业面高度(男性750～900mm,女性700～850mm)。

站立作业面高度可按身材较高的人设计,身材较低的人可用脚垫抬高;也可以身材较低的人为标准,但身材较高的人要弯腰工作。

2. 坐姿作业

一般坐姿作业的作业面高度应在坐姿时肘高以下50～100mm处;在精密作业时,作业面高度必须增加,这是由于此作业要求手眼之间的精密配合。

4.8.5 办公桌尺寸的相关规定

(1) 双柜写字台长1200～1400mm,宽600～750mm。

(2) 单柜写字台长900～1200mm，宽500～600mm。

(3) 长度级差为100mm，宽度级差为50mm，一般批量生产的单件产品均按标准选定尺寸，但对组合柜中的写字台和特殊用处的办公桌不受此限制。

(4) 餐桌、会议桌以人均占周边长为准进行设计，一般人均550～580mm，较舒适为600～750mm(男性最大肩宽95%为469mm)。

(5) 桌下净空高于双腿交叠起时的膝高，并留有一定活动余量，如有抽屉，抽屉不可太厚，桌面到抽屉底距离不应超过桌椅高差的1/2(一般抽屉厚120～150mm)。桌下容膝空间净高大于580mm，净宽大于520mm(男性膝高95%为532mm)。

(6) 立式用桌(台)，如售货柜台、讲台、服务台等，立式用桌下部可不设容膝空间，因此，桌下可用于储物，但底部应设容足空间，以利于人紧靠桌台的需要，这个容足空间高为80mm，深为50～100mm。

4.8.6　卧具(床)设计

1. 床的尺寸

人睡眠时经常辗转反侧，人的睡眠质量与床的大小和床垫软硬有关，温度、湿度、照明、通风、精神心理因素等也会影响睡眠质量。

1) 床宽

当床较窄时，由于担心翻身掉下的心理影响，使人不能熟睡，一般床宽应为肩宽的2.5倍左右(男性肩宽95%为469mm)，即1000mm，单人床宽度不能小于700mm，双人床宽度不能小于1500mm。

2) 床长

床长一般为L=H(身高)×1.05+A(头前余量)+B(脚后余量)，男性身高95%为1775mm。按国标规定，成人用床净长一律为1920mm。对于宾馆用床，一般不设床架，若特高客人需要，可以加接脚凳。

3) 床高

床高一般与座椅高一致，使床同时具有坐卧的功能，一般床高为400～500mm。

双层床层间净高必须保证下铺使用者的就寝和起床有足够的动作空间，但不可太高，太高会造成上下床不便及上层空间的不足。按国标规定，双层床底层离地高不大于420mm，层间净空不小于950mm(男性坐高95%为958mm)。

2. 褥垫与躺卧的解剖生理因素

1) 仰卧时的身体形态与褥垫

健康人站立和仰卧时自然、合适的背部曲线体现一种放松状态。这种全身放松的状态有利于安然入睡(站立时腰部向前凸出60mm，仰卧时腰部向前凸出20～30mm)。

过于柔软的褥垫使人睡觉时肩部和臀部下沉过多，人体背部曲线呈现不自然状态，不利于进入深度睡眠状态。

2) 仰卧时的体压

与座椅一样，人体在卧姿时的体压是决定体感舒适的主要原因之一。当床面过硬时，压力集中在几个小区域，造成局部血液循环不好，肌肉受力不适等；而床面过软，使背部和臀部下沉，腰部突起，形成骨骼结构的不自然状态，人体各部位均受同样的压力，时间过长会产生不舒适感，需通过不断翻身来调整人体敏感部位的受压状况。而敏感部位受压较小时，这种压力分布才合理，所以床的软硬应适中。

为了使体压分布合理，床垫常由不同材料的三层结构组成，上层与人体接触部分采用柔软材料，中层较硬，下层用有弹性的钢丝弹簧构成，这样有利于人体保持自然和良好的卧姿。

4.9 人的空间行为

人与动物一样有争夺地盘上"领地"的行为。这种行为的目的是保护自己及其部落、家族等不受侵害，也有人称这种领地间的距离为"自卫距离"或"警戒距离"。例如，蜥蜴的警戒距离为1.83m，狮子的是22.9m，鳄鱼的是45.7m，长颈鹿的是182.8m，新疆野牦牛的是250m，其接近距离为150m，而新疆野骆驼对人的警戒距离则长达20~30km，这说明它的警觉性极强。

一般动物发现在警戒距离范围内出现"敌人"，如果面对的是弱者时，便会采取进攻行为；而面对强敌时，则会逃之夭夭。

行为学家经过调查证明，人类也有"领地"——"个人空间"的行为特征。这个空间以自己的身体为中心，在个人空间的边界与他人相接时，也会表现出进攻或躲避的行为。

一切动物及人的空间行为均与入侵者的距离有关。动物的距离保持有逃跑距离、临界距离(临界距离表示退让的限度)和攻击距离之分，这三种距离与动物个体大小和活动能力成正比。

4.9.1 人类的距离保持

人类也有自己的距离保持。人类的距离保持有以下四种。

1. 亲密距离

亲密距离是指与他人身体密切接近的距离，共有两种：一种是接近状态，指亲密者之间发生的爱护、安慰、保护、接触、交流的距离，此时身体接触，气味相投，如图4-47所示；另一种为正常状态(15~45cm)，头脚部互不相碰，但手能相握或抚触对方。在各种文化背景下，亲密距离的表现是不同的。例如，在我国，人们与非亲密者在公众场合上述两种亲密距离都要尽量避免；在不得不进入这种距离范围时，会有相互的躲避行为。

2. 个人距离

个人距离是指个人与他人间的弹性距离，也有两种状态，一种是接近态(45~75cm)，是亲密者允许对方进入的不发生为难躲避的距离，但非亲密者进入此距离时会有较强烈的反应；另一种为正常状态(75~100cm)，是两人相对而立，指尖刚能相触的距离，此时身体的气味体温不能感觉，谈话声音为中等响度，如图4-48所示。

图4-47　亲密距离　　　　　　　　　　　　　　　图4-48　个人距离

3. 社交距离

社交距离是指人们参加社会活动时所表现的距离，同样是两种状态：一种是接近状态(120～210cm)，通常为一起工作时的距离，上级向下级说话便保持此距离，这一距离能起到传递感情的作用；另一种是正常状态(210～360cm)，此时可以看到对方全身，在外人在场的情况下，继续工作也不会感到不安或干扰，是业务接触的通行距离，正式会谈等多按此距离进行，如图4-49所示。

4. 公众距离

公众距离是指演讲、演出等公众场合的距离，其接近状态约为360～750cm，此时须提高音量说话，能看清对方的活动；正常态为750cm以上，这个距离已分不清表情、声音的细部，为了吸引公众的注意要用夸张的手势和表情，并大声说话，此时交流思想感情主要靠身体姿势而不是语言，如图4-50所示。

图4-49　社交距离　　　　　　　　　　　　　图4-50　公众距离

需要说明的是，由于文化背景的不同，上述由欧美国家确定的四种距离保持的适用性也不尽相同。有的西方人可能更适用，而在我国却不适用。由于各国人们的生活习惯不同，如果采用的距离不妥，有时会使人际关系发生问题。图4-51和图4-52为各种距离示意图，及针对不同距离设计的产品。

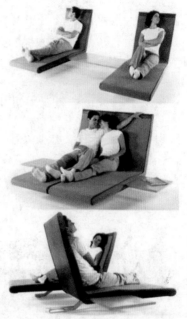

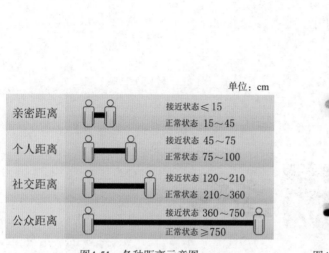

单位：cm

亲密距离		接近状态 ≤ 15
个人距离		接近状态 45～75
社交距离		接近状态 120～210
公众距离		接近状态 360～750

亲密距离　接近状态 ≤ 15　正常状态 15～45

个人距离　接近状态 45～75　正常状态 75～100

社交距离　接近状态 120～210　正常状态 210～360

公众距离　接近状态 360～750　正常状态 ≥750

图4-51　各种距离示意图

图4-52　针对使用者不同距离进行设计

4.9.2　人的侧重行为

人的大脑半球是左右两侧构造相同的，但在语言运动机能上，总是有一侧占有优势。一般来说，儿童时期约有25%的人习惯用左手，随着年龄的增加此比例逐渐减少，成人中男性约5%、女性约3%习惯用左手；事实证明，如习惯用左手的人改用右手，其工作效率必然降低，疲劳程度会增加。另外，在步行运动中也存在着偏重一侧的问题，如交通规则左上右下(个别国家是右上左下)的道路划分等；在展会、会场、画廊上，行人的旋转方向总是自左向右绕行；在公园、运动场等场合也是如此。有人说，这是因为左侧通行可使心脏靠向建筑物，有力的右手向外在生理、心理上比较稳妥的原因。虽然这一切目前尚无定论，但事实上人们大部分均有此类侧重行为证明，人类的行为习惯在人机工程学和工业设计方面都是不可忽视的重要课题之一。

4.9.3　人的捷径反应和躲避行为

人在日常生活中有不自觉的反应。例如，伸手取物往往直接把手伸向物品；上下楼梯靠扶手一侧；穿越空地时愿意走最短距离，这些行为都是人的捷径反应之一。

在发生危险时，人们有一些共同的逃难行动，或躲避或逃跑等。这时往往采用他们认为最快、最好、最能保护自己的方式。

在产品设计中要充分注意到人们的这类不自觉的反应，否则在意外情况下可能会给使用者造成不可逆转的伤害。

第 5 章

人的认知心理

主要内容：本章主要讲解人的认知心理的相关知识，包括认知的定义、认知的特性、人的心理模型、创造性思维的心理特征等。

教学目标：掌握人的认知心理的相关知识。

学习要点：通过学习认知的定义、人的心理模型、创造性思维的心理特征等知识，掌握如何运用用户的心理认知，为室内空间设计和产品设计提供思路。

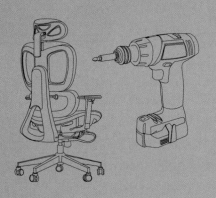

Product Design

5.1 认知的定义

认知也可以称为认识，是指人认识外界事物的过程，或者说是对作用于人的感觉器官的外界事物进行信息加工的过程。它包括感知、知觉、记忆、思维、想象、语言，是指人们认识活动的过程，即个体对感觉信号接收、检测、转换、简化、合成、编码、存储、提取、重建、概念形成、判断和解决问题的信息加工处理过程，如图5-1所示。在心理学中，认知是指通过形成概念、知觉、判断或想象等心理活动来获取知识的过程，即个体思维进行信息处理的心理功能。对认知进行研究的科学被称为认知科学。简单地说，认知就是"认识知道"，指人的知觉、记忆、思维、想象等脑力活动。认知的含义指人怎样通过思维把一件事情考虑清楚，如图5-2所示。

心理学家诺曼将认知归纳为两种模式：经验认知和思维认知，如图5-3所示。前者需要具备某方面强大的知识背景并达到一定的熟练程度，从而有效并轻松地观察并作出反应；而后者涉及思考、比较、推理等决策思维，是人类发明创造行为的驱动力。

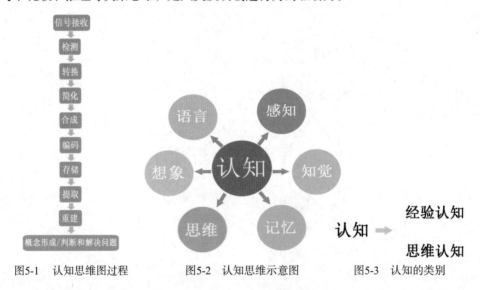

图5-1　认知思维图过程　　　图5-2　认知思维示意图　　　图5-3　认知的类别

人的认知活动需要同时涉及多个过程，包括关注、感知、记忆、学习、规划、推理和决策。下面对这些过程进行举例描述并说明它们与交互设计之间的紧密关联。

(1) 关注：这个过程涉及人的听觉和视觉器官，指的是在某种状态之下，人从众多事物中挑选一个，并把精力集中在其上。这个过程的难易程度取决于用户是否有明确的目标，以及我们需要的信息在所处环境中是否足够醒目。

(2) 感知：这是一个人们使用感觉器官从外界获取信息并转变成对物品、时间、声音和味觉体验的复杂过程，其中也涉及其他的认知过程，如记忆、关注和语言。设计易用的交互式产品，很重要的一点就是寻找易于理解的方式来表达信息。信息表达还需要考虑不同媒体结合时的情况。设计者应该通过协调不同媒体的排列方式，以确保在不同媒体结合后，用户依然可以容易地获取这些复合的信息，如图5-4所示。

(3) 记忆：回忆学到的知识以便采取适当的行动来执行任务。我们越关注某些信息，越容易记住它；信息编码的语境越完整，越容易记住并回忆起来；信息越是结构化(图形化)，记忆越准确高效。例如，20世纪80年代兴起的图形用户界面(graphical user interface，GUI)是信息可视化的最早尝试，为用户的可视化操作提供了可能，使他们摆脱了数千条命令语言，通过浏览便可执行操作，随着技术的进步，交互模式越来越新颖，如图5-5至图5-7所示。

(4) 学习：指不断提升自己的认知，扩充新的知识。在交互设计中，包括计算机应用程序的学习，以及使用计算机程序学习特定的内容。实验表明，用户倾向于"边实践边学习"而非对照用户指导手册按部就班地进行操作。

图5-4　交互产品设计

图5-5　早期的图形交互界面1

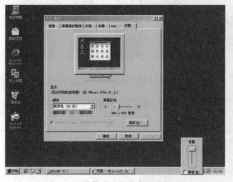

图5-6　早期的图形交互界面2

图5-7　现代的手机交互界面

(5) 规划、推理和决策：此类认知过程是考虑要做什么、如何选择和判断、怎么执行任务，以及有可能产生什么结果。这个过程依赖于用户的相关知识背景和技能的掌握程度，还有相关经验等。新用户的知识和经验都有限，所以经常需要借助其他的知识作出假设并进行判断，尝试不同的方法并试探结果。因此，新用户一开始往往会出错，降低工作效率的同时有较强的挫败感。相反，专家用户具备较为丰富的知识和经验，所以可以迅速找准方向切入，选择最佳的策略完成任务，同时具备预见能力，可以准确地判断指令带来的后果。

有人认为，思维过程是人的心理对符号的处理过程。图像是一种符号，声音也是一种符号。人们在思维中经常使用的是这两种符号。认知是信息加工过程，这种观点或多或少受计算机影响，认为认知是输入、变换、简化、加工、存储、恢复和使用信息的全过程。图5-8至

图5-11为以符号为元素进行的产品设计。

图5-8　利用符号的产品形态设计

图5-9　利用符号的产品包装设计1

图5-10　利用符号的产品包装设计2

图5-11　利用符号的产品外形设计

认知是解决问题的过程，认知活动就是选择、吸收、操作和使用信息，以解决当前的具体问题。还有人用研究内容去定义认知心理学，如认知包含知觉、记忆、思维、判断、推理、解决问题、学习、决策、想象、概念形成、知识表达和语言使用。其中的关键词是知识、行为和验证，共同构成了认知的主体。图5-12和图5-13为平面视觉符号设计。

图5-12　平面视觉符号1　　　　　图5-13　平面视觉符号2

20世纪70年代以前，心理学往往把知觉作为一种独立的心理过程进行研究。出现认知心理学后，人们发现知觉往往并不是最终目的，而是各种行动的第一步心理过程。人感知各种形状后，按照自己的目的进行行动。在各种行动中，知觉的作用是多方面的。

工业革命以来形成了机械加工为主体的各种产品。这些产品主要依靠人的体力进行操作，功能主义思想能够解决大量的设计问题。20世纪70年代以后，情况发生了根本变化：大量的微电子产品、计算机、信息产品不再依赖体力操作，而是依靠脑力思维进行理解和操作。对产品或是工具的认知成为重要问题。现代主义设计"形式跟随功能"的思想对这些产品束手无策。特别是在互联网全面普及以来，这一特点更加突出。

新的电子产品造型更加简洁，需要操作者通过造型、图标指示等进行思考，以完成机器的操作，如图5-14和图5-15所示。

图5-14　现代电子产品1

图5-15　现代电子产品2

自古以来，人与人之间使用语言进行表达与交流，人在操作机器或使用任何物品时，也要使用相应的"语言"。人与认知工具之间的交流互动，是通过所谓的"语言"进行的。这种语言就是指设计的物体，向设计者传达出"语言"的功能。

没有相应的"语言"，人们便无法操作、使用机器或工具。汽车有方向盘，分别控制向左转和向右转。如图5-16和图5-17所示，在驾驶汽车时，我们用手操作方向盘，包含着人与机器的交流互动过程，只有经过尝试，了解手的转动幅度与汽车轮胎转动角度之间的关系，才能理解怎样控制它转弯。手要使出多大的力量，把方向盘转回多少角度，才可以使汽车转动30°、45°或90°。如果转动方向盘的幅度小，它转弯或转角也小；同样转动方向盘力量过大时，转角也会增大。经过反复尝试修正操作后，我们获得正确操作的经验。这种交流互动不是通过语言，而是通过体力尝试，通过双手在方向盘上感知反作用力的大小来实现的。

图5-16　操控方向盘的方法

图5-17　转动方向盘的变化

日常生活中人们的思维比较注重"因果关系"，由此积累了大量的经验，然后依据这些"因果关系"来思考。每个人的思维方式中存在共同的或类似的因素，也存在许多明显的差异。如果不考虑别人的思维方式，只按照自己的思维方式去设计产品，会给用户造成许多困难。例如，用户在操作家用电器时不知道流程控制，不了解操作流程及电量高低、强弱、大小，控制时间长短等，操作网页时经常"迷路"，经常遇到的问题是：网页内容让人眼花缭乱，操作者不知道自己在哪个区域，不知道自己要找的信息在哪里，也不知道自己怎样原路退回。我们在操控机器或浏览网页中有哪些思维方式？日常遇到困难时我们怎样发现问题和解决问题？头脑中的知识与外界知识有什么必然联系？这些都需要设计者考虑。

例如，张阳在一个陌生的大城市里开着车去赶一个会议，她完全依赖车内新装的导航装置的引导，由于对导航操作并不是很熟悉，这时她看到有些指示语很模糊，马上想到可以改用语音模式，这样就能够用耳朵去听信息提示，而不用使视线离开道路。她刚想去激活这个装置时，就立刻遇到了一场交通堵塞，而且堵车越来越严重，这时她又想起自己忘记激活语音显示装置了，然而太晚了，她已经不能停靠到路边了。她努力回忆激活这种语音模式的转换次序，但是并没有成功，不过她激活了电子地图，可是当前地图是"上北下南"的显示，要转换到她现在要开往的南面方向，这让她感到非常混乱，因此她迷路了。她拿出手机想询问开往目的地的方向，并迅速瞥了一眼她记下的电话号码，当她拨出了电话，不巧的是电话那边无人接听，她感到很受挫，于是低下头去检查电话号码是否正确，然后仔细拨打电话号码。就在此时，她没有看见一辆小汽车正沿着入口斜坡非常快地向她右边靠过来，直到距离很近时，鸣笛的声音才提醒她。那辆汽车不容易改变方向。她急忙踩下刹车，等那辆汽车过去之后，安全地把车停靠到路边，才仔细查看道路方向、阅读指示语，寻找自己想要的信息。如图5-18所示，导航系统要利用使用者的思维模式进行开发。

图5-18　车内导航装置设计

的确，我们每天为了完成各种各样的目标，要从周围环境中获取大量的信息，以使我们能够顺利地应对不同的任务。上面的例子是我们可能遇到的一种典型的情况，这种情况的出现是由于人造装置或者是环境与我们的信息加工系统之间没有形成一种非常好的匹配关系而造成的。有时是这种错误的匹配造成我们错误地感知外界，有时是我们不能正确地回忆以前的事情。尽管前面提到的这种情境可能看起来不可思议，但是生活中存在非常多的类似情境，在这些情境中的一些环节都会使操作者陷入困难的境地。所以，我们要考虑人们认知、思维和记忆的基本机制，这些加工过程通常被称为认知。我们会提供一种理解人们如何加工这种信息的基本框架。在学习了人类认知系统的各种局限性后，我们还会给出这些问题的设计应用和解决方法。

在使用机器工具时怎样考虑？如果GPS在设计时，更多地考虑到用户在使用过程中的种种可能，张阳还会因为小小的失误而苦恼吗？这些问题对工业设计及产品设计有启发作用，使我们能够获得许多有用的知识。由于目的和起源不同，美国的认知心理学把人脑看成信息处理的工具，许多研究借助计算机，甚至把计算机科学的许多术语和基本框架也引入认知心理学中，有些学者把大脑看成信息处理器。这种概念有些偏离了人脑的本质作用。人脑的一部分功能是处理信息，而计算机仅仅模拟了人脑的这部分功能。但是迄今为止科学家已经知道，人脑处理信息的方法和过程与计算机是有区别的。人脑还有许多其他功能，各个功能相互联系在一起，综合发挥作用，无法把每个功能分开，而计算机中的各个功能是可以被分开的。人脑具有创新能力，计算机并没有这种能力。如图5-19所示，运用图形语言说明了人脑的功能。

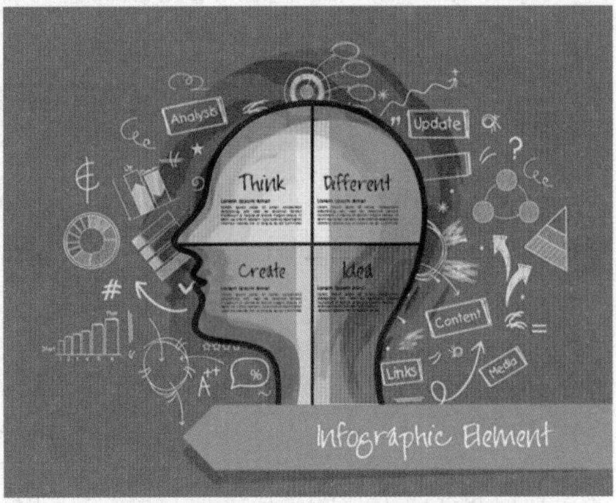

图5-19　人脑处理信息的功能

5.2　认知的特性

5.2.1　认知的知识特性

张阳使用导航仪的例子很容易说明人的知识和记忆存在不可靠性。在日常使用计算机时，用户如果在不看键盘的情况下，可能排列不出正确的键位图。然而，用户打字却又快又准，那么该如何解释操作的精确性与头脑中知识的不准确性之间的明显差异呢？其实，准确操作所需要的知识并不完全存在于头脑中，而是有一部分在头脑中，有一部分来自外部世界的提示，还有一部分存在于外界限制因素中。用户头脑中的知识虽然不精确，但却知道如何进行精确操作，有以下三种原因。

1. 信息储存于外部世界

我们所需要的绝大多数信息都储存于外部世界。储存在记忆中的信息与外界信息相结合，就决定了我们的行为。

一旦从事某项任务所需要的信息在外界唾手可得，学习这些信息的必要性就会大幅度降低。许多用户并未把键盘表默记在心，但这并不影响他们打字的速度。每个键上通常都标注着字母，用户可以先在键盘上找到所需要的字母，然后再输入，从而利用储存于外界的知识，减少了学习时间。按照这种方法打字，速度会比较慢，随着不断练习，积累经验，用户便可记住键盘上大部分字母的位置，打字速度也明显提高。借助边际视觉和手触键盘的感觉，用户便可知道某些字母键的位置，只要把常用键的位置牢牢记住，无须花太多精力去记那些不常用的键。如果一边打字，一边看键盘，速度就会受到影响，说明打字所需要的知识还未从外部世界转移到人的头脑中。

在工作速度、完成任务的质量和付出的脑力劳动之间存在均衡协调的问题。不论是在城市中找路、在商店或家中找东西，还是使用复杂设备，有什么样的均衡关系就要学习什么样的知识。一旦你知道在环境中可以找到所需要的信息，储存于头脑中的信息就只需精确到可以维持工作质量的程度。这就是为什么人们在各自的环境中运转自如，但却描述不清楚自己在做些什么。例如，一个人能够在不熟悉的城市中旅游，却不能准确说出他的旅游路线。

2. 无须具备高度精确的知识

知识的精确性和完整性并非是正确行为的必要条件，所拥有的知识能够使人作出正确的选择就足够了。假如我们把所有的笔记都写在一个小红本上，并且这也是我们唯一的笔记本，就可以简单地描述为"我的笔记本"。如果我们有好几本，那么刚才的描述就不能用了，可以称第一本为"小笔记本""红色的笔记本"或"红色小笔记本"，以便将其与其他的笔记本区分开。如果有几个红色的小笔记本，那就必须找到其他的描述方法了。描述得越精确，越能区分数个相似的物体。但我们只是记住了应对当前特定情况的那些信息，若是情况有所改变，就会产生麻烦。

3. 存在自然限制条件(包括文化上的限制)

外部世界对人的行为进行了限制，物品的特性限定了操作方法。例如，零件有一定的组装顺序，物品能否被移动或运输。每件物品都有自身的物理特征，如凸起、凹陷、螺纹、带附件等，从而限制了它与其他产品的关系和可能的使用方法。

自然限制条件之外还存在众多从社会中逐渐演变而来的用于规范人类行为的惯例。要想弄明白这些文化惯例，必须经历一个学习过程，一经习得，便可适用于广泛的领域。

由于这些自然和人为的限制条件，在某一情况下，可选择的方案也就大为减少，从而降低了需要储存在记忆中的知识的数量。

在日常情况下，行为是由头脑中的知识、外部信息和限制因素共同决定的。人类习惯于利用这一事实，最大限度地减少必学知识的数量或是降低对这种知识的广度、深度和准确度的要求。人类甚至有意组织各种环境因素来支持自己的行为。例如，一些脑部受过创伤的人可以像正常人那样生活工作，就连同事们也觉察不出他们生理上有障碍；有阅读困难的人经常可以蒙混过关，甚至可以从事那些需要阅读技能的工作，原因在于他们明白工作要求，可以仿效同事的一举一动，为自己创造出不需要阅读或是由同事代劳阅读的工作环境。

这些特例同样可以说明普通情况下普通人的行为，只不过他们对外界的依赖程度有所不同。完成某一任务所需要的头脑中的知识和外界信息孰多孰少，完全由个人来进行平衡和协调。

5.2.2　认知的非理性特点

一般来说，认知心理学主要分析知觉、注意、思维、语言、学习等方面。它往往提取认知过程中的功能性的理性因素，并把这些因素进行分类和研究，认为通过这些因素的作用，人就能够思维、理解、表达交流、发现和解决问题。然而对工业设计来说，仅了解这些远不能进行设计。实际上，日常生活中人们很少按照逻辑方式思维，即使数学家按照逻辑方式，也会出现错误。在操作计算机进行上网时，人的思维方式、思维过程十分复杂，这说明并不能把认知看作理性的逻辑因素作用的结果。如果仅把这些简单的理性因素的综合看成一个人的全部认知过程，那么这个人就是一个理想的智能机器人。

心理学家诺曼认为：人们依靠陈述性和程序性两种类型的知识。

陈述性知识包括各类事实和规则，易用文字表达，也易于传授。例如，"红灯亮了要停车""停车后，请挂驻车档"。而程序性知识则使人知道如何演奏乐器，如何在冰面上把爆了胎的汽车平稳地停下来，如何在打网球时有效回击对方发过来的球，以及在说"吃葡萄不吐葡萄皮儿"这个词组时，知道如何正确地发音。程序性知识难以用文字甚至不能用文字表述清楚，因此很难用言语来教授，而最好的教授方法是示范，最佳的学习方法是练习，因为就连最优秀的教师通常也无法描述这类知识——程序性知识大多是下意识的。

在通常情况下，人们可以轻易地从外界获取知识。设计人员为用户提供了大量帮助记忆的方法，如键盘上的字母、控制器上的指示灯和标记。工业用设备上也有很多辅助记忆，提醒用户的设计。我们也常把要做的事写在纸条上，把物品放在特定的位置，以免忘记。总之，人们善于安排环境，使之提供大量的备忘信息。

很多人为了组织好自己的生活，在这儿摆放一堆东西，在那儿摆放一堆东西，目的是提醒自己有哪些事情要去做，哪些事情正在处理之中。可能每个人都会在某种程度上用到这一策略，观察一下你周围的人是如何布置自己的房间和书桌的，你就能发现这一点。虽然组织外界事物的方法多种多样，但人们还是经常会利用物品的位置来提醒自己各种物品的相对重要性。

我们对人认知过程的了解还非常粗浅，缺乏深入研究认知过程中许多非理性的因素。在一般的认知心理学中，没有把这些非理性因素作为主要研究内容，容易给人造成错觉，进而忽视非理性因素对操作使用过程的重要作用。只考虑理性认知因素得出的用户模型叫作理性用户模型。按照这样的知识进行设计，忽略了许多实际存在的问题，给用户造成困难，如要花很多时间学习操作，容易引起精神疲劳，造成操作事故。因此，分析认知的非理性因素，也是为了强调在实际设计调查中，把这些因素作为设计人机交互的基本出发点。人的各种认知因素几乎都存在着非理性方面。下面通过论述非理性方面的一些特点，使读者有初步的印象。

1. 人的知觉特性是非理性的

人眼实际工作时，与照相机的功能差异很大。照相机被动感受外界的各种图画。当人眼受意图指导时，只感受那些关注的对象，看不到其他物体，看不到那些不理解的东西。在有目的的行动中，知觉的作用是感知与目的有关的信息。实际上知觉、认知、动作等因素并不严格按照这个顺序，知觉会受各种意外的随机因素的影响。这意味着，你为用户知觉感受设计的东西并不一定能够被用户感知和理解。因此，必须观察用户操作中的感知过程，了解用户需要感知什么、何时感知、如何感知、感知与思维是否冲突、感知与动作是否协调。这些重要内容在任何书里都没有论述，而恰恰是设计中必须解决的问题，这样才可能符合用户的需要。

2. 人的思维方式多样化

迄今为止，认知心理学主要研究了两类理性思维方式：逻辑思维和探索发现式思维。

逻辑思维具有确定的推理方式，按照这些形式逻辑就能得出结论。逻辑思维主要起什么作用？主要是验证对错真伪。在日常生活中，人们并不经常遇到这些问题。即使需要判断对错真伪，人们也往往采用其他方法，如用自己的经验进行判断。过去曾经认为布尔代数反映了人的思维方式，实际上布尔代数只能解决适合这些逻辑运算的推理问题，并不能包含人的各种思维方式。

探索发现式思维没有唯一确定的思维过程，不能保证得出结论。面对陌生问题而无据可寻时，人们往往只好自己进行尝试。迄今人们发现了几种探索发现式思维，常见的是尝试法、逆向思维等。遇到问题，进行尝试，错了就再换一种办法进行尝试，直到成功或放弃。例如，新手学习操作计算机或老手遇到新问题，往往会无意识地进行各种尝试，以发现方法，解决问题。

心理学研究了这两种思维方式，并不意味着人只有这两类思维方式，也不意味着每个人都是按照它进行思维的。这意味着心理学在这方面的研究还处于萌芽阶段，还没有深入研究日常大量存在的思维方式。实际上，几乎在每件具体事情上，每个人都具有特定的思维倾向、思维方式、思维经验，都有自己独特的认知风格和因果推理经验。

有些人感到概念难理解；有些人认为过程难理解；有些人习惯用图形进行思维；有些人注重用概念之间的联系进行推理，往往采用反证法，如"这叫计算机，为什么不能计算这个问题"；有些人注重用经验为依据进行比较，如"我用计算机编过程序，所以知道这个问题可以用它解决"；有些人习惯跳跃式思维；有些人习惯先找到可靠的实例再推理；有些人在每一步思考时都感到不自信，在考虑每一步时都有顾虑，因此，先考虑"如果不成功怎么办"；有些人很容易跑题；有些人习惯在现场进行尝试，走一步看一步，这些都反映了思维方式的多样化，不存在唯一标准的思维方式。他们的推理过程、理解过程、表达方式、交流方式、发现和解决问题的过程有许多差异。

人们在一生中，要学习许多物品的操作使用方法。人们关注每一步操作会引起什么后果，由此积累了大量经验，这也是每个人一生的宝贵财富。这些"行动——后果"思维在心理学书中没有被分析，而这恰恰是我们设计中的重要依据。按照人们熟悉的思维方式进行设计，才能使产品的操作方式比较符合用户的思维。如果抛弃了人们的这些经验，重新创造一套思维和操作方式，必然要迫使每个人重新学习理解操作。由于盲目崇拜"科技"，已经迫使家庭主妇要掌握许多科技知识才能维持家庭日常生活，这涉及机、电、光、声、磁、气等专业知识。任何操作失误，就会造成爆炸、火灾、人身伤亡等不可逆转的严重后果。

3. 通过若干方式建立概念

如果形成概念的条件不同，对概念的理解可能也不相同。由此造成一种现象：对同一个对象，每个人的理解不一定相同，有时甚至相反。理解的机理是什么？人为什么会理解含义？这几个问题至今还没有搞清楚，是认知心理学和哲学中的一个难题，而这恰恰是最容易被忽略的。设计者常常误以为自己设计的符号肯定能被用户理解，不要认为设计的一个产品、一个图标、一种操作、一段文字一定具有唯一标准的含义理解，也不要以为自己设计的东西必定会被用户理解。怎么了解别人是否能够理解你设计的图标？可以通过调查访问他们："你看这个图标是什么意思？""这个操作应该怎么实施？""这段文字的意思是什么？"例如，一个学生花了不少时间创作了一个图标，他想表达的含义是"进入下一章"。这个图标从来没被人使用过，别人是否理解他表达的含义呢？没有通过调研是不能确定的，他也没有意识到应该调查一下别人的理解程度。后来询问了三个同学"这是什么含义？"其中两个人说"退出"，一个人说"进入"。因此，以自我为中心的设计，很难避免这种错误。

4. 实例描述

每设计一个产品，实际上也要设计它的操作使用方法。编写说明书时往往存在一些误解，以为把文字写得越多越好。操作使用说明书很厚主要是由两个问题造成的：第一，该机器的人机界面被设计得很复杂，不适应人的心理特性。要想把这样的操作使用说明书变薄，必须改进人机界面的设计，减少操作步骤，减少用户必须记忆的操作信息量。这样可以减少面向用户的培训过程，还可以减少用户出错和事故率。第二，没有把过程性知识或用户的主要操作任务作为编写说明书的主要线索。用户为什么要看说明书？主要是为了学习如何完成特定的操作任务。如果调查过一些用户就会发现，大多数用户或操作员从来没有看过说明书，而是观察别人操作。他所关注的首要问题是操作过程，而不是某一条具体命令的格式。编写操作说明书应该首先通过实例描述典型操作任务的过程。

5. 认知习惯——选择性注意

选择性注意是指在外界诸多刺激中仅仅注意到某些刺激或刺激的某些方面，而忽略了其他刺激。人的感官每时每刻都可能接受大量的刺激，而知觉并不是对所有的刺激都作出反应。知觉的选择性注意保证了人们能够把注意力集中到重要的刺激或刺激的重要方面，排除次要刺激的干扰，更有效地感知和适应外界环境。

例如，张阳在看手机的时候，没有注意到道路的情况，因此，她的选择性注意几乎引起一场事故。这种选择性注意是汽车事故的主要原因。相应地，在商业飞行中，一些致命事故的最大原因是操作失误导致飞机冲向地面，也就是飞行员驾驶一架运行正常的飞机冲向地面。这表示飞行员对所有关于飞机飞行高度的信息资源进行选择性注意。

选择性注意不能保证知觉到与否，但是能够成功地进行选择性注意对知觉到信息是很重要的。换个说法，我们通常是看到我们感知的事情，感知我们正在看的事情。前面在第2章中讨论选择性注意中视觉扫描的作用。虽然我们不像在视觉通道上有眼睛一样，在听觉通道上有耳朵一样来引导选择性听觉注意，不过，在听觉上仍然有选择性现象。例如，我们可以在一个嘈杂的工作环境中调整注意力，通过过滤其他分心的谈话和噪声，来集中精力倾听一个人的谈话。

注意的通道选择性(忽略一些事情的通道过滤性)主要受四种因素的影响：突显、努力、期望和价值。这些因素可以在同一对照框架中表示，这一框架要么是刺激驱动的、自下而上的过程，要么是知识驱动的、自上而下的过程。突显是一种自下而上的过程，它的特点类似于注意捕获。设计者可以选择突出的刺激维度，应用信号和警告来标示重要的事件。突然的启动、奇异的刺激和听觉刺激、触觉刺激是突显的具体例子。相反，即使一些事件很重要，如果没有这些特点可能也不会被人们注意到，如通常所说的变化盲视或者注意盲视。

期望和价值的特点都可以看作分配注意时自上而下的或者知识驱动的因素。也就是说，我们注意去看(或者"抽样")环境中我们想要找到的信息。例如，飞行员非常频繁地去看那些变化最快的装置，也是因为那是飞行员最想看到发生变化的地方。相反，看的次数或者注意这些通道的次数也会根据所看物件价值的大小而改变，或者错过这一通道上相关事件所付出的代价。这就是为什么一个经过训练的飞行员，即使空中飞行器不多，也会不断地扫视座舱外面的环境，注意空中交通情况，因为注意不到空中交通情况可能会带来巨大的损失。

最后，如果事情需要付出巨大努力的话，选择性注意可能会被抑制。我们倾向于选择扫视较短距离而不是长距离的环境，经常在不转头的情况下去选择注意信息资源。出于这种原因，一些司机尤其是那些处于疲劳状态的司机(没有大量资源使用)，在并道时会看不到处于他们盲视区域或后方的交通情况。

除了理解注意失败会引起事故和考虑训练选择性注意的方法以外，理解自下而上的注意捕获对于警告的设计和自动化的线索来说也是非常重要的。理解努力在抑制注意转移过程中的作用，对于设计整合性的显示器和配置工作空间的布局都非常重要。

5.3　人的心理模型

心理模型是指人们遵循生活中某些习惯或经验而建立的最有效的方法。心理模型通常是根据零碎的事实构建而成的，对事实的来龙去脉只有一种肤浅的理解，并依据心理学，形成对事物的起因、机制和相互关系等的看法。

产品设计应该遵循用户的心理模型，在《设计心理学》一书中，心理学家诺曼将心理模型分为三个不同的方面：设计模型(design model)、用户模型(user model)和系统模型(system model)。如图5-20所示，设计模型是指设计人员头脑中对系统(产品)的概念，说明系统的工作机制、流程和架构等内容；用户模型是指用户对系统运作的理解，即用户所认为的该系统的操作方法；系统模型在术语上称为实现模型(implementation model)，即系统的实际运行状态。在理想状态下，用户模型与设计模型相吻合，即用户与系统映像进行交互，就可以按照设计师预先设计好的意图执行任务。但实际上，用户和设计人员之间的交流只能通过系统本身来进行，也就是说，用户得通过系统的外观、操作方法、对操作动作的反应和用户手册来建立概念模型，因此系统模型格外重要。设计人员必须保证产品的各个方面都与正确的概念模型保持一致。

图5-20　设计师—用户—系统映像心理模型

从三个模型的三个方面可以看出，用户模型决定了用户对产品的理解方式。设计模型决定了产品的操作方法是否易学易用。设计人员应该保证产品能够反映出正确的系统模型，只有这样，用户才能建立恰当的模型，将意图转化为正确的操作。系统表象和用户模型是有交互的，设计模型和系统表象也是有交互的，所以，设计人员只有更好地理解用户模型，才能让用户更好地理解产品的系统模型。那么我们就应该研究了解用户在每一步操作的过程想得到什么，需要什么，这时我们在设计的时候才满足他们心理所想和所需要的，就能帮助用户更好地完成任务，也能够创造更好的用户体验。

5.4 创造性思维的心理特征

按照创造性思维目标的明确与否，可以将创造性思维划分为随意创造思维与非随意创造思维两大类。

随意创造思维的特点是事先没有很明确的创造目标，也没有拟订关于创造过程的详细计划、步骤，思维过程比较随意。所产生的思维成果是与众不同的，因而有新颖性。这种思维成果对于人类的文明与进步不一定有直接的关系与影响，也不一定能转化为有价值的精神产品或物质产品，但是对思维主体自身可能具有一定的积极意义与价值。

非随意创造思维是具有明确创造目标的思维，根据思维成果的创造性大小又可分为一般创造思维和高级创造思维两种。

一般创造思维的特点是事先有明确的创造目标，为实现此目标，事先有比较周密的计划和准备，所产生的思维成果是与众不同、前所未有的，因而具有创新性。这种思维成果对于人类的文明与进步具有一定的积极意义，并可转化为具有一定价值的精神产品或物质产品。一般的艺术创作、新产品设计、普通的技术革新和小创造、小发明等都属于这种思维，只要这些思维成果是与众不同、前所未有的，都可归入一般创造思维范畴。

高级创造思维的特点和一般创造思维基本相同，只是加工机制更复杂，而且其思维成果对于人类的文明与进步具有较大(或重大)的意义，因而有可能转化为具有较大(或重大)价值的精神产品或物质产品。在高级创造思维中，有一些思维成果是前所未有的新事物，有一些则是一种新发现，或对前人未曾揭示过的事物之间的内在联系规律的新发现。这一类创造性的思维成果对于人类的文明与进步均有重大意义，都可以转化为具有重大价值的精神产品或物质产品。著名艺术家(包括音乐、绘画、雕塑、文学等领域)创作出不朽的传世之作，科学家探索事物的本质并发现各种原理、定律的过程，皆可归入高级创造思维范畴。

众所周知，创造性思维的目的是要创造出前所未有的、有价值的精神或物质产品。既然是全新事物或全新发现，那就不可能仅仅通过对客观事物的本质或事物之间内在联系规律的概括与间接的反映创造。也就是说，除了概括与间接的反映以外，还应增加一种能动的反映，才能满足创造性思维的要求。这种能动性体现在思维不应受原有事物的局限，思维不应仅仅是客观事物的被动反映，还应能动地反作用于客观事物，即思维可以通过对表象的操作引起表象的整合、改造乃至重构，从而创造全新的事物属性表象或关系表象，在此基础上才有可能创造出前所未有的精神产品与物质产品。如何才能作出这种能动的反应需要分析创造性思维的心理特征。

5.4.1 随意创造思维的心理模型

随意创造思维的特点是"随意性"，即事先没有明确的创造目标，也不需要拟订关于创造过程的计划、步骤；其思维成果的创造性不高，实际意义与价值也比较小，有时和再造想象的成果很相近，甚至难以区分(二者的差别只在于：再造想象的思维成果是别人或前人已经认识到并已描述过的，而随意创造思维的成果则是新颖的、与众不同的)；二者的思维加工过程也大体相同，都是通过在发散思维和联想思维基础上进行大胆的想象来实现。

发散思维也叫求异思维、逆向思维、多向思维。它不是一种基本的思维方式，因为它不涉及思维的材料和思维的过程，只是根据思维对目标的"指向"这一种特性(是集中还是分散，是单一目标还是多重目标，是考虑正方向还是反方向)对思维进行区分。其目的是打开人们的思路，扩展人们的视野，不受传统思想、观念和理论的限制与束缚。联想思维则是在"发散"目标的指引下，通过相似、相反、相关等多种形式的联想，充分调动思维主体原有认知结构中与当前思维主题有关的储备(保存在长时记忆中的各种知识与经验及相关的各种表象)，为再造想象和创造想象提供思维加工所需的尽可能丰富的材料。

随意创造思维心理模型具有"联想"的功能。当我们联想起某个熟悉物体的时候，有关这一物体的多种属性的表象往往是同时呈现的。在我们的大脑"屏幕"上，既看到该物体的形状、大小，也看到它的颜色和运动状态。除了这些视觉表象以外，有时还会出现有关该物体的听觉表象，如某动物的吼声，或某人的笑声，或味觉表象。这些反映同一物体不同属性的各种表象，是同时呈现而不是依次呈现的。在"再造想象"环节和"直觉判断"环节中也是如此，因为这两个环节所涉及的加工对象和前面的"联想"环节是一样的，都是反映事物不同属性的"属性表象"，或是反映事物之间不同关系的"关系表象"，只是二者的加工方式不同而已。

总之，随意创造思维和再造想象都是靠发散思维扩展视野、打开思路，靠联想提供丰富的加工材料，最后运用大胆而合理的想象，即对联想所得到的各种表象进一步重组、整合、改造，乃至重新构建，形成新的表象。如果这个新表象所反映的事物是新颖的、与众不同的，那么这一思维加工过程就是随意创造思维；反之，如果这个新表象所反映的事物是别人或前人已经认识到并已描述过的，那么这一思维加工过程就是一般的"再造想象"过程。

5.4.2　非随意创造思维的心理模型

非随意创造思维与随意创造思维相比有两点区别：一是非随意性，即创造目标明确，事先有较周密的计划和准备。之所以制订明确的目标，一般都是因为有较大的难度，需要长期酝酿、准备和积累，不可能通过偶然、碰巧的机会来实现；二是思维成果具有较高的创造性，需要通过比较复杂的心理加工过程与加工方式才有可能完成。正是由于这两方面的原因，非随意创造思维不可能沿用随意创造思维的方法去简单加工，而必须另辟蹊径。

创造性思维离不开两个关键环节：创造想象思维和复杂直觉思维，前者用于创造前所未有的全新事物的表象，或是用于发现新事物的本质属性；后者则用于发现未曾被人认识的事物之间内在联系的规律。时间逻辑思维和形象思维、直觉思维之间是相互支持、相互依存的关系，在需要运用言语概念描述空间复杂结构关系或描述创造想象结果的场合，时间逻辑思维也离不开相关的空间关系表象和想象表象在直观性、形象性及表象所体现的内涵等方面的有力支持(即形象思维与直觉思维的支持)。由此得出非随意性创造思维的环形非线性心理模型。

第6章

人机操纵装置设计

主要内容： 本章主要讲解产品操纵装置设计、各类操纵器的设计、产品操纵装置的总体设计原则等知识。

教学目标： 掌握人机操纵装置设计的相关知识。

学习要点： 学习产品操纵装置设计、各类操纵器的设计、产品操纵装置的总体设计原则，并运用到实际设计中。

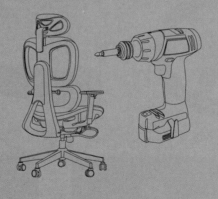

Product Design

　　使用者在使用产品的过程中，离不开产品的操纵装置，使用者通过对其控制，可完成对产品的使用。

　　工业产品设计中的操纵装置类型有很多种，其设计也要遵照科学的设计原则，才能安全地实现人机操作的过程。本章将对产品设计中操纵装置的种类、作用、特点和设计原则进行全面的讲解。

6.1　产品操纵装置设计

　　工业产品设计中的操纵装置类型有很多种，也有很多分类方法，纵观现实的工业产品设计中，按使用方式的不同，分为手动操作装置和脚动操作装置。在人机工程学的学习中，我们主要学习手动操纵装置设计。

6.1.1　产品操纵装置的类型及特点

　　产品操纵装置的类型及特点如下。

1. 旋转式操纵器

　　旋转式操纵器包括手轮、摇柄、旋钮、十字把手等，它们可用于改变机器的工作状态，调节或追踪操纵器，具有随机、可控制的特点，也可将机器的工作状态保持在规定的工作参数上，如图6-1至图6-4所示。

2. 移动式操纵器

　　移动式操纵器包括操纵杆、手柄、拨动开关等，可用于将系统的一种工作状态转换到另一种工作状态或紧急制动，具有操纵灵活、动作可靠的特点，如图6-5至图6-7所示。

图6-1　手轮

图6-2　摇柄

图6-3　旋钮1

图6-4　旋钮2

图6-5　移动式操纵器1

图6-6　移动式操纵器2

图6-7　移动式操纵器3

3. 按压式操纵器

按压式操纵器主要有各种按钮、按键、键盘、钢丝脱扣器等。它们具有占用空间小、方便灵活、排列紧凑的特点。一般只有两个工作位置：接通和断开，常用于机器的开关、制动、停车控制上。由于技术的发展，科技产品的普及，按键的形式多样化，越来越多的按压式操纵器运用在电子产品上，如图6-8至图6-10所示。

尽管操纵装置的类型很多，但对操纵装置的人机工程学要求是一致的，即操纵装置的形状、大小、位置、运动状态和操纵力的大小等都要符合人的生理、心理特征，以保证操作时舒适、方便。

图6-8　按压式操纵器1

图6-9　按压式操纵器2

图6-10　按压式操纵器3

6.1.2　操纵装置的用力特征

在各类产品操纵装置中，操纵器的动作需要由使用者施加适当的力和运动才能实现。因此，设计的操纵器的承受力不能超出使用者的用力限度，并使操纵力控制在使用者的施力适宜、方便的范围内，以此保证操作者在操作过程中提高使用效率。

通过研究分析，使用者的操纵力不是一成不变的，它是随着使用者的施力部位、着力的空间位置、施力的时间、环境的不同而变化，具有动态的特点。一般来讲，使用者的最大操纵力与工作时间成反比，即使用者的最大操纵力随持续时间的延长而降低，对于不同类型的操纵器，所需要的操纵力大小各不相同，有的机器需要用最大力，有的机器不但要求用最大力，而且还要求机器运行平稳，有的机器反而需要最小力。因此，设计者对操纵器的设计，要根据不同的类型、使用人群特点及使用方式进行相应设计，才能保证使用者的工作效率和安全性，如图6-11至图6-14所示。

图 6-11　操纵装置产品1

图6-12　操纵装置产品2

图6-13　与汽车相关的操纵器1

图6-14　与汽车相关的操纵器2

6.2　各类操纵器的设计

6.2.1　旋转式操纵器设计

1. 旋钮设计

旋钮是各类操纵装置中用得较多的一种，很多的产品设计都离不开旋钮设计，其外形特征是由功能决定的。根据功能要求，旋钮一般可分为三类：第一类适合于做360°以上的旋转操作，这种旋钮主要用于调节系统量，如声音的大小，其外形特征是圆柱形、圆锥形；第二类适合于做360°以内的旋转操作，它不仅用于调节系统量的大小，而且可加以限定，其外形也大多为圆柱形、圆锥形或多边形；第三类是用于指示性的旋转操作，其以偏转角度的不同指示各种工作状态，其外形特征通常带有指示性的形体，如三角形、长方形或指示箭头等，旋钮的造型尺寸应根据人手的不同操作方式而定。同时，工作性质、操纵力的大小也是影响旋钮设计的主要因素。图6-15至图6-19为不同的旋钮设计。

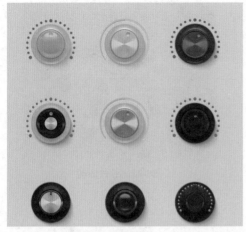

图6-15　旋钮1

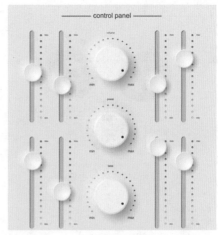

图6-16　旋钮2

图6-17　各种旋钮

图6-18　不同材料的旋钮

2. 手轮、摇柄设计

手轮和摇柄均可作自由连续旋转，适合做多圈操作的产品。操纵手轮和摇柄时，必须双手或单手施加适当的扭力才能旋转，而人的扭力大小与身体所处的位置和姿势有很大关系。手轮和摇柄的尺寸大小，根据用途不同，也有很大区别。手轮和摇柄安置的空间位置对操作速度、精度和用力也有影响。一般说来，需要转动快的摇把，应当使转轴处于人机前方平面呈60°～90°夹角的范围内。图6-20至图6-25为不同的手轮和摇柄设计。

图6-19　旋钮

图6-20　手轮

图6-21　各种手轮

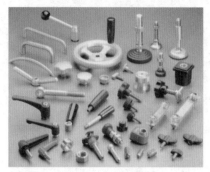

图6-22　各种摇柄

图6-23　产品中的手轮、摇柄1

图6-24　产品中的手轮、摇柄2

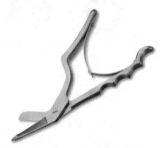

图6-25　产品中的手轮、摇柄3

6.2.2　移动式操纵器设计

移动式操纵器主要有手柄、操纵杆、滑动开关等。本节主要讲解手握部分的形状、尺寸及用力范围，并按人手的生理结构和特点进行设计，以保证操作者使用方便和使用效率。手柄一般供单手操作，其设计要求手握舒适，施力方便，不产生滑动，同时还能控制其他的动作。因此，手柄的形状和尺寸应按照手的结构特征设计。当操纵力较大，空间位置较远时，用手柄操作不太方便和高效，就可以增加杠杆的长度，以适应新的操纵要求，这就产生了操纵杆。操纵杆的长度与操纵频率有很大关系，一般说来，操纵杆越长，动作的频率就越低。图6-26至图6-28为移动操纵装置设计。

图6-26　移动操纵装置1

图6-27　移动操纵装置2

图6-28　移动操纵装置3

6.2.3　按压式操纵器设计

按压式操纵器主要有两大类：按钮和按键。它们一般有多种工作状态：接通、断开、控制参数等功能。这种操纵器具有操作方便、灵活小巧、结构紧凑、效率高、成本低廉的特点，因而被广泛应用。

1. 按钮

按钮的形状通常为圆形和矩形。其工作状态有单工位和双工位，单工位按钮是指手按下之后处于工作状态，当手指抬起时就自动脱离工作状态，回复原位；双工位按钮是一经按下，就一直处在工作位置，需再按一下才回复到原位。这两种按钮在选用时应注意区别，如图6-29至图6-31所示。

图6-29　按钮

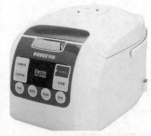

图6-30　电饭煲的按钮

图6-31　操控台的按钮

按钮的尺寸按照人手的尺寸和操作要求而定，一般圆弧形按钮直径以8～18mm为宜，矩形按钮以10mm×10mm、10mm×15mm、15mm×20mm为宜。按钮应高出盘面5～12mm。

按钮的顶面，即与人手的接触面，应按照人的手指或手掌的生理特点设计，通常有凹曲面和凸曲面两种形式。曲面要光滑、柔和。如果粗糙、棱角尖利则会给人以不舒适的感觉。

2. 按键

按键的用途极为广泛，如计算机键盘、家用电器等，都大量使用了按键。它具有节省空间、便于操作、便于记忆等特点。按键的形状与尺寸应按人手指的尺寸和指端弧度进行设计，

才能操作舒适。按键为凸形时，会使人的手指触感不适；按键过于低平时，会使人的手指较难感觉施力是否正确；两个按键距离太近时，容易使人同时按到两个键，此时中间凹的按键形式较好，如尺寸适宜会使人舒适。密集的按键应考虑使用者的手与按键接触面之间要互相保持一定的距离。图6-32至图6-34为产品的按键设计。

图6-32　产品设计中的按键

图6-33 大尺寸的单独按键

图6-34 汽车内部中控的按键

6.2.4 触摸控制操纵

触控屏又称为触控面板，是可接收触头等输入信号的感应式液晶显示装置，当接触了屏幕上的图形按钮时，屏幕上的触觉反馈系统可根据预先编写的程序驱动各种连接装置，可用于取代机械式的按钮面板，并凭借液晶显示画面制造出生动的影音效果。它是一个使多媒体信息或控制改头换面的设备。很多使用触摸屏的系统设计师，都十分钟爱使用此种操纵形式，如图6-35和图6-36所示。

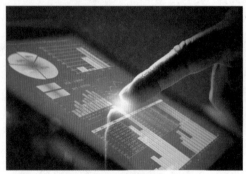

图6-35 触摸屏幕1

图6-36 触摸屏幕2

6.3 产品操纵装置的总体设计原则

6.3.1 操纵力设计原则

在各类操纵装置中的操纵器是通过由人施加适当的力和运动来完成工作的，所以设计的操纵力不能超出人的最大用力限度，并使操纵力控制在人施力适宜、方便的范围内，以保证操作质量和工作效率。

在常用的操纵器中，一般操作并不需要使用最大操纵力，但操纵力也不宜太小，因为用力太小，则操纵精度难以控制，同时也不能从操纵用力中取得有关操纵量大小的反馈信息，因而不利于正确操纵。操纵器适宜的用力往往也与操纵器的性质和操纵方式有关，通常对于那些要求速度快而精度要求不太高的工作，操纵力应小些，而对于要求精度高的工作，操纵器应具有一定的阻力，如图6-37所示。

6.3.2　操纵与显示相配合原则

机器设备的操纵装置常与显示装置装配在一起，因此，它们之间合理的对应关系和配合关系要有利于使用者在操纵过程中的习惯。这种操纵与显示的配合关系被称为操纵与显示的配合性。因为操纵装置设计离不开一些显示装置的配合，操纵与显示之间配合的目的主要是为减少信息加工的复杂性。因此，操纵装置与显示仪表排列时应考虑相配合的关系，具有对应关系的操纵钮与显示仪

图6-37　手柄产品中的操纵力设计

表之间的相对位置排列要有利于人在操纵设备的同时又能方便地观察，从而提高工作效率，如图6-38和图6-39所示。

图6-38　操纵装置与显示相配合1

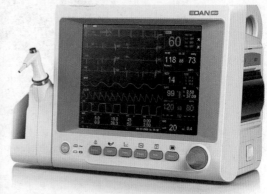

图6-39　操纵装置与显示相配合2

6.3.3　操纵装置特征的识别原则

对于使用多个操纵器的产品设计，为了减少操作失误，可按操纵器的不同功能和特征，利用形状、大小、颜色和符号进行区分和编码，以便使操纵者迅速识别各种操纵器而不至混淆。如图6-40至图6-42中的产品操纵装置设计，都是进行合理规划，这样的设计有利于操作者使用，以提高工作效率。

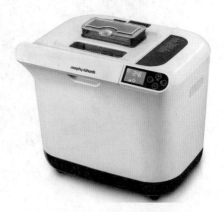

图6-40　产品操纵装置

图 6-41　健身设施操纵装置

图6-42　遥控操纵装置

人机系统与交互设计

主要内容：本章主要讲解人机系统的概念和意义、人机系统的分类、人机系统设计的重要性、人机界面、人机交互和可穿戴设备等知识。

教学目标：掌握人机系统与交互设计的相关知识。

学习要点：了解人机系统的概念和意义、人机系统的分类，以及人机界面设计的重要性，并能够根据设计趋势，应用到可穿戴设备等相关设计中。

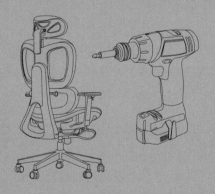

Product Design

7.1 人机系统的概念和意义

7.1.1 人机系统的概念

人机系统是由人和机器构成，并依赖于人机之间相互作用而完成一定功能的系统。它是人机工程学研究的主要内容。在现代生产管理和工程技术设计中，合理地设计人机系统，使其可靠、高效地发挥作用是一项十分重要的内容。

人机系统作为一个完整的概念，表达了人机系统设计的对象和范围。将人放到人—机—环境这样一个系统中研究，从而建立解决劳动主体和劳动工具之间的矛盾的理论和方法，是人机工程学的一大贡献。

人机工程学的主要研究对象是"系统中的人"，人是属于特定系统的一个组成部分。但人机工程学并非孤立地研究人，它同时研究系统的其他组成部分，以便根据人的特性和能力，来设计和改造系统。因此，人机系统的概念对设计者把握设计活动的内容和目标，以及认识设计活动的实质具有十分重要的意义。

人机系统的概念既不单纯地指人，也不单纯地指"机器"，它是关于两者内在联系的概念。对设计而言，人机系统的概念更多的是指一种思想，一种观察事物的方法。

7.1.2 人机系统的内涵

1. 系统的概念

"系统"是由相互作用和相互依赖的若干部分结合组成具有特定功能的有机整体。对于设计者而言，一个系统的定义表明它确认了一个目标，并对其进行了全面的分析，了解为了实现该目标需要具备一些什么样的功能，以及这些功能之间的相互联系。例如，一个城市中交通系统的建立，是设计者根据一定的目标使各种运输活动协调起来。因此，在一个系统中，部分的意义是通过总体解释的。有了总体的概念，才能处理好各个部分的设计，这是一条符合系统思想的设计原则。

2. 人机系统的组成

人机系统包括人和机器两个基本组成部分，它们相互联系构成了一个整体。这两个部分是缺一不可的，否则就不是本专业设计的对象。人机系统的性质和特征可以用模型表示，图7-1为人机系统的模型示意图。它的意义是指人机之间存在着信息环路，人机相互联系具有信息传递的性质。系统能否正常工作，取决于信息传递过程是否能持续有效地进行。当然，这里所指的信息可以是视觉、听觉、触觉等。

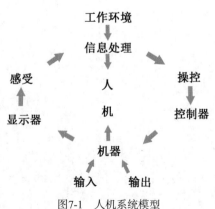

图7-1 人机系统模型

"环境"可以作为人机系统的影响因素来理解。一般来说，当环境不会对人产生不利影响时，则人对环境无异常感觉，表明环境是宜人的。排除环境的不利影响，是设计工作的主要任务之一，首先要保证环境不影响人的作业。

3. 人的主导作用

肯定人机系统中人的主导地位和作用，是人机工程学的一个基本思想前提。人机系统设计主要是针对处理系统中的人和人机界面等关系，而不是系统的全部硬件。强调人的特性和限度，为人进行设计，让人的因素贯穿设计的全过程，是人机工程学的重要实践原则。

在人机系统中，人的主导作用主要反映在人的决策功能上。虽然由于计算机技术的发展，机器系统内部有了信息处理过程，人机关系产生相互适应、相互匹配的趋势，但并未改变人的主导作用；同时，人的决策错误仍是造成事故的主要原因之一。人的学习能力使人可通过训练获得优良的决策和控制能力。例如，人具有迅速分析编码信息，并作出反应的能力；人见到红灯，可以判断出其表示警告，并作出判断。对于设计者而言，重要的是通过设计使系统利于发挥人的决策功能，并为正确决策提供各种辅助作业手段。又如，通过一张操作程序表，就可以帮助作业者正确地完成操作。

7.2 人机系统的分类

人机系统按工作程序有简单和复杂之分。简单的人机系统如工人操作机器；复杂的人机系统如专业人员驾驶飞机航行。一个复杂的人机系统往往包含若干个人机子系统，如图7-2所示。

人机系统还可分为封闭式系统与开放式系统。在封闭式人机系统中，人可以根据机器工作反馈的信息，进一步调节和控制机器的工作；开放式人机系统则不能。封闭式人机系统往往比开放式人机系统更有效。人机系统设计通常采用封闭式人机系统。

人机系统	简单人机系统
	复杂人机系统
	封闭式人机系统
	开放式人机系统

图7-2 人机系统的分类

另外，人机系统还可以分成手工系统、机械系统和自动系统三种类型。图7-3是手工系统，手工系统由手工工具和人构成，人是直接劳动者；图7-4是机械系统，机械系统由半自动化机器和人组成，人是机器的控制者；图7-5和图7-6是自动系统，由全自动机器和人组成，机器常带有计算机或智能装置，可自动进行工作，人是系统的监视者。

图7-3 手工劳动

图7-4 机械半自动化操控

图7-5 智能全自动化操控1

图7-6 智能全自动化操控2

7.3 人机系统设计的重要性

人机系统除了要求合理分配人和机器的功能外，实现人和机器的相互配合也是很重要的。一方面需要人监控机器，即使是完全自动化的系统也必须有人监视。机器一旦出现异常情况，必须由人来手动操纵。另一方面需要机器监督人，以防止人产生失误时导致整个系统发生故障。人经常会出现失误，所以在系统中放置相应的安全装置非常必要，如火车的自动停车装置等。

人机匹配的具体内容很多，包括显示器与人的信息感觉通道特性的匹配；控制器与人体运动反应特性的匹配；显示器与控制器之间的匹配；环境条件与人的有关特性的匹配；人、机、环境要素与作业之间的匹配等。随着计算机和自动化技术的不断发展，将会使人机匹配进入新阶段。人与智能机的结合、人类智能与人工智能的结合，使人机系统形成一种新的形式，人也将在人机系统中处于新的地位。

工业设计和产品设计的核心思想是"以人为本"，为人服务是工业设计及其他设计的最终目标。人机工程学研究的对象是"系统中的人"。因此，工业设计和人机工程学的共同点都是研究人，研究人的生活和工作方式，从而更好地改善人的生活条件并提高工作效率。

随着高新技术的应用和高科技产品的研发，人们逐渐认识到高情感产品的重要性。产品不仅要求高质量、高精度、高科技含量，更要求高情感特性。高情感特性包括符合人的生理需要和心理需要，具有很高的宜人性、舒适性、安全性，符合人机工程学的要求；使用方便、操作性好、不易疲劳、产品设计安全，为用户着想、考虑到每一个细微的环节，尽可能地达到操作者的要求，贴近人的感觉，甚至人只要轻轻地触摸到它，它就会自然地为人工作。高情感特性是产品设计的一个新观念和新发展。图7-7至图7-10是几款国外的产品设计，我们可以看出人机系统理念及高情感设计的思路体现得非常明显。

很多发达国家都非常重视设计，同时大力发展设计研究并取得了巨大成功。一些国外的公司建立了严谨的设计规划，不遗余力地研究设计程序和设计方法。人机工程学研究是与整个工业设计及产品设计程序并行的，是整个设计程序中非常重要的部分。

图7-7 儿童代步工具

图7-8 咖啡机1

图7-9 咖啡机2

图7-11至图7-13为一款壁挂式洗衣机,体积小、节省空间,在将衣物洗完后可以直接拿出来挂到下面,同时洗衣机本身还能吹出非常自然的风,将衣物吹干。用户还可以在里面添加一些天然香料,让衣物吹干后还能具有清新的香味。

图7-10 咖啡机细节

图7-11 壁挂洗衣机与环境的结合

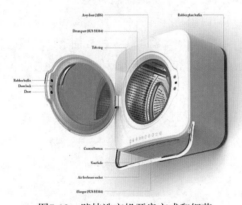

图7-12 壁挂洗衣机开启方式和细节

图7-13 壁挂洗衣机使用方式

图7-14和图7-15为迷你智能吉他设计,虽然造型并不完整,但它拥有实体吉他的全部功能,可以很好地还原弹奏体验。通过蓝牙还能与手机、平板电脑设备相连接,搭配应用后就能弹奏出声音。专业的音乐人可以通过软件调节各项参数,让音乐更加丰富多变。

图7-14 智能吉他设计与使用方式

图7-15 智能吉他的交互方式

7.4 人机界面

7.4.1 人机界面的概念

人机界面是设计和评估以计算机为基础的系统，并使这些系统能够很容易地被用户所使用。简单来说，人机界面就是用户和机器相互传递信息的媒介，其中包括信息的输入和输出，是人与机器之间的作用方式。作为一个独立的研究领域，人机界面设计受到人们的广泛关注。它由一门仅针对从事人机交互方面的专业人员的单纯学科，逐渐演变成一门广泛适用于各类计算机及产品界面设计人员和高级工程师的应用学科。

人机界面的含义有狭义和广义之分。上面提到的人机界面的概念是从广义上来讲的，这里的"机"与人机工程学这个概念中的"机"具有相同的内涵，泛指一切产品，既包括硬件，也包括软件。在人机系统中，人与机之间的信息交流和控制活动都发生在人机界面上，机器通过各种形式的显示，实现从机器到人的信息传递；人通过视觉和听觉等多种感官接收来自机器的信息，经过人脑的加工、决策，然后作出反应，实现从人到机器的信息传递，如图7-16所示。

狭义的人机界面是指计算机系统中的人机界面(human-computer interface，HCI)，也称为人机接口、用户界面，它是计算机科学中的一个分支。这里的人机界面是人与计算机之间传递、交换信息的媒介，是用户使用计算机的综合操作环境，如图7-17所示。

人机界面问题最早只是人机工程学的一部分，但随着学科的不断深入与分化，关于这方面的研究目前已经产生人机界面

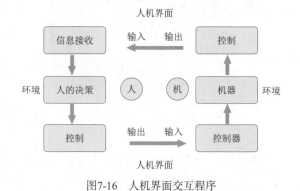

图7-16 人机界面交互程序

图7-17 狭义的人机界面示意图

学这个独立的学科，因此，在研究领域上它与人机工程学有着很多重叠之处。人机工程学主要关注人与机器之间的关系，以及由此带来的关于工作效率、人的健康等问题，但是这些都离不开"人机界面"这个载体。下面将人机界面问题单独列出来进行全面介绍。

7.4.2 人机界面的发展简述

1. 硬件人机界面

硬件人机界面是界面中与人直接接触、有形的部分，它与工业设计紧密相关，早期工业设计的发展主要是围绕硬件所展开的。现代工业设计从工业革命时期开始萌芽，其重要原因正是在于对人与机器之间界面的思考。现代设计历经工艺美术运动、新艺术运动和德意志制造联盟的成立阶段，直到包豪斯确立了现代工业设计，这个过程其实都是在不断探索物品如何以一种恰当的形式呈现，也可以理解为界面问题。在此之后设计风格的演变，无论是流线型风格、国际主义风格还是后现代主义风格，都始终以形式和功能的关系为主题，其本质也是对人机界面进行不断地思考。例如，工业设计中关于座椅的设计，其实就是在探讨"坐的界面"问题(图7-18和图7-19)，而关于手动工具的设计，则主要是在探讨"握的界面"问题(图7-20)，可以说，早期的工业设计主要就是在关注硬件界面设计。

硬件人机界面的发展是与人类的技术发展紧密联系的。在工业革命前的农业化时代，人们使用的工具都是手工生产的，很多情况下会根据使用者的特定需要进行设计和制作，因而界面友好，具有很强的亲和力。18世纪末在英国兴起的工业革命，使机器生产代替了手工劳动，改变了人们的设计和生产方式，但是在初期也产生了很多粗制滥造的产品，使很多物品的使用界面不再友好。20世纪40年代末，随着电子技术的发展，晶体管的发明和应用，使一些电子装置的小型化成为可能，改变了很多产品的使用界面。

在第三次科技革命浪潮的席卷下，计算机技术快速普及和发展，人类进入了信息化时代，信息技术和互联网的发展在很大程度上改变了整个工业格局，新兴的信息产业迅速崛起，开始取代钢铁、汽车、机械等传统产业，成为时代的生力军；苹果(Apple)、IBM、英特尔(Intel)等公司成为这个产业的领导者。在这场新技术革命的浪潮中，硬件人机界面设计的方向也发生了转变，由传统的工业产品转向以计算机为代表的高新技术产品和服务，此时的

图7-18 关于"坐的界面"研究

图7-19 关于"坐的界面"设计

设计逐步从物质化设计转向了信息化和非物质化，并最终使软件人机界面的设计成为界面设计的一项重要内容。随着信息技术的不断发展，出现了很多智能化的产品，这些智能机器再一次深刻地改变了人机界面的形式，同时也使界面的设计不再仅仅局限于硬件本身，如图7-21所示。

图7-20　关于"握的界面"设计

图7-21　计算机造型设计

2. 软件人机界面

软件人机界面是人与机之间的信息界面，它的发展首先归功于计算机技术的迅速发展。如今，计算机和信息技术的触角已经深入现代社会的每一个角落，软件人机界面也伴随着硬件成为人机界面的重要内容，甚至在一定程度上，人们对软件界面的关注已经超过了硬件界面，优化软件界面就是要合理设计和管理人机之间对话的结构。

早期的计算机体积庞大(图7-22)，操作复杂，需要人们用二进制码形式编写程序，这种编码形式被称为机器语言，很不符合人的思维习惯，既耗费时间，又容易出错，大大限制了计算机的应用范围。

第二代计算机在硬件上有了很大的改进，体积小、速度快、功耗低、性能更稳定。在软件上出现了FORTRAN(formula translator)等编程语言，人们能以类似于自然语言的思维方式用符号形式描述计算过程，大大提高了程序开发效率，整个软件产业由此诞生。

集成电路和大规模集成电路的相继问世，使得第三代计算机变得更小、功率更低、速度更快，这个时期出现了操作系统，使计算机在中心程序的控制协调下，可以进行多任务运算。其中，IBM PC(IBM Personal Computer 5150)诞生于1981年，在IT领域长期占据着头把交椅，是IBM的首款产品，如图7-23所示。

图7-22　早期的计算机

图7-23　IBM早期的计算机

这个时期另一项具有重大意义的发展是图形技术和图形用户界面技术的出现。如图7-24所示，施乐(Xerox)公司的帕洛阿尔托研究中心(Palo Alto Research Center，PARC)在20世纪70年代末开发了基于窗口菜单按钮和鼠标控制的图形用户界面技术，使计算机操作能够以比较直观的、容易理解的形式进行。1984年，苹果公司仿照帕洛阿尔托研究中心的技术开发了新型麦金托什(Macintosh)个人计算机，采用了完全的图形用户界面，获得巨大成功，如图7-25所示。图7-26中将三代计算机进行了对比。

图7-24 施乐研发的图形界面

图7-25 个人计算机及其图形界面

图7-26 计算机的发展

20世纪90年代，微软(Microsoft)公司推出一系列的Windows操作系统，极大地改变了个人计算机的操作界面，促进了微型计算机的蓬勃发展，如图7-27所示。

人机界面的主要功能是负责获取、处理系统运行过程中的所有命令和数据，并进行信息显示。在系统软件方面主要有macOS、Windows、UNIX、Linux、Android等几大软件形式与标准；网页浏览器则有微软公司的Internet Explore(IE)等。这些操作系统和应用软件都是以用户为中

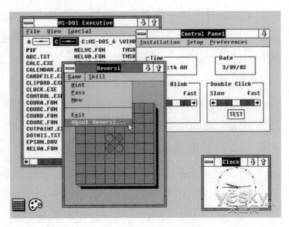

图7-27 Windows系统早期图形界面

心的，具有本质上的联系，它们在发展的过程中，也经历了不同的阶段和形式。

如今智能手机已经成为人们生活的必需品，手机系统又成为一大主角，这里要提到的就是安卓系统。

Android(安卓)是一种基于Linux的自由及开放源代码的操作系统，由谷歌(Google)公司和开放手机联盟领导及开发，主要用于智能手机、平板电脑等移动设备。Android操作系统最初由安迪·鲁宾(Andy Rubin)开发，主要支持手机。2005年8月由谷歌公司注资收购。2007年11月，Google公司与84家硬件制造商、软件开发商及电信运营商组建开放手机联盟共同研发改良Android系统。随后谷歌以Apache开源许可证的授权方式，发布了Android的源代码。第一部Android智能手机发布于2008年10月，之后逐渐扩展到平板电脑及其他领域，如电视、数码相机、游戏机等。2011年第一季度，Android在全球的市场份额首次跃居全球第一。2013年第四季度，Android系统手机的全球市场份额已经达到78.1%。2013年9月24日，Android迎来了5岁生日，全世界采用这款系统的设备数量已经达到10亿台。2022年，Android 13正式发布，为用户带来更好的使用体验。图7-28为Android系统标志。

图7-28　Android系统标志

计算机系统最早使用的一种控制系统运行的人机界面形式是命令语言，它广泛应用于各类系统软件及应用软件中。命令语言起源于操作系统命令，直接针对设备或信息，它是一种能被用户和计算机所理解的语言，由一组命令集合组成，每个命令又由若干命令参数组合而成。命令界面是用户驱动的，功能强大，运行速度快，但用户必须按照命令语言、语法向系统发送指令，才能让系统完成相应的功能，因此使用命令语言比较困难、复杂。

菜单界面是一种流行的控制系统运行的人机界面，并已被广泛应用于各类系统软件及应用软件中。菜单界面是系统驱动的，它提供多种选择菜单项让用户进行选择，用户不必记忆应用功能命令，就可以借助菜单界面完成系统功能。

数据输入界面也是软件界面的一个重要组成部分，从输入上说，可以分为控制输入和数据输入两类。控制输入完成系统运行的控制功能，如执行命令、菜单选择、操作复原等；数据输入则是提供计算机系统运行时所需的数据，当然有时控制输入和数据输入不是完全分离的，而是相互依存的。命令语言和菜单界面一般是作为控制输入界面，但也可以使用菜单界面作为手机数据输入的途径。

20世纪80年代以来，以直接操纵、WIMP界面和图形用户界面(GUI)、WYSIWYG(What you see is what you get，所见即所得)原理等为特征的技术广泛被许多计算机系统所采用。直接操纵通常体现为所谓的WIMP界面。WIMP界面有两种相似的含义：一种指窗口(windows)、图标(icons)、菜单(menus)、定位器(pointers)；另一种指窗口(windows)、图标(icons)、鼠标(mouse)、下拉式菜单(pull-down menu)。直接操纵界面的基本思想是摒弃早期的键入文字命令的做法，而是用光笔、鼠标、触摸屏或数据手套等坐标指点设备，直接从屏幕上获取形象化的命令与数据的过程。也就是说，直接操纵的对象是命令、数据或者是对数据的某种操作，直接操纵的工具是屏幕坐标指点设备。

软件人机界面在发展的过程中，其有用性和易用性的提高使更多的人能够接受它、愿意使用它，同时也不断提出各种要求，其中最重要的是要求软件界面保持"简单、自然、友好、方便、一致"。

7.5 交互设计

设计影响着人类的行为，建筑关注的是人们如何使用空间；产品设计关注人如何使用产品；图形设计往往尝试着引导人的行为。如今芯片驱动的产品无处不在，从汽车到计算机，从机械设备到人人都拥有的手机，科技信息产品陪伴着我们。以微波炉为例，在数字时代之前，传统微波炉操作非常简单，只需要把旋钮拧到正确的位置即可，温度旋钮和开关旋钮一样，都可以按照刻度进行旋转，非常方便。图7-29为老式微波炉。现在市场上的新型微波炉，都装有微芯片、LED屏幕、触摸按键等，可计算机编程，这需要一套合理的程序来控制机器，完成操作。图7-30为新式微波炉。

图7-29 老式微波炉

图7-30 新式微波炉

这就催生了一个新的学科——交互设计。交互设计借鉴了传统设计、可用性设计，以及工程学的理论与技术，但是交互设计的作用又远远超过了各组成部分之和，具有独特的方法和理论，它与科学、工程学不同。

7.5.1 交互设计的概念

交互设计(interaction design，IXD)是定义、设计人造系统行为的一门设计学科。它定义了两个或多个互动的个体之间交流的内容和结构，使之互相配合，从而共同达成某种目的。交互设计在于定义人造物的行为方式，即人工制品在特定场景下的反应方式与相关的界面设计。

人类社会已经有着很长时间的交互设计历史，只是在当今信息时代，交互设计的价值与作用才体现得更加显著。交互设计作为一门关注交互体验的新学科在20世纪80年代就产生了，它由IDEO公司的一位创始人比尔·莫格里奇在1984年的一次设计会议上提出，他一开始为其命名为"软面(soft face)"，后来被更名为交互设计。

美国计算机协会(Association for Computing Machinery，ACM)对人机交互学的定义是"关于设计、评价和实现供人们使用的交互式设计计算机系统，是研究围绕这些方面的主要现象的科学。"

所谓交互设计,是指在人与产品、服务及系统之间创建一系列对话,其更偏向于技术性的设定和实现过程。一些专家认为交互设计定义了交互产品和服务的结构与行为。交互设计师创造用户和使用系统之间的和谐关系,包括从计算机到可移动设备。世界交互设计协会第一任主席雷曼对交互设计作出了如下定义:"交互设计是定义人工制品(设计客体)、环境和系统间行为的设计。"

交互设计是信息社会的一种主流设计方向,与其他学科领域有着相互叠加和重合的关系。从技术层面而言,交互设计需要涉及计算机工程学、语言编程、信息设备、信息架构学的运用;从用户层面而言,交互设计涉及人类的行为学、人因学、心理学;从设计层面而言,交互设计还涉及工业设计、界面表现、产品语义与视觉传达等。交互设计的主要构成包括信息技术和认识心理学。交互设计的设计原则延续了大部分人机交互领域的设计原则与知识。与传统的人机交互领域有所区别的是,交互设计尤其强调新的技术对用户的心理需求、行为和动机层面的研究。通过对用户间的各种信息交流和社会活动的关注,交互设计的目标是建立或促进人与人之间的交互关系或启发产生新的沟通方式。

如图7-31所示,可以看出交互设计是一门从人机交互领域分支并发展而来的新型学科,具有十分典型的跨学科特征,涉及范围包括计算机科学、计算机工程学、信息学、美学、心理学与社会学等,代表着当代设计发展的前沿方向。

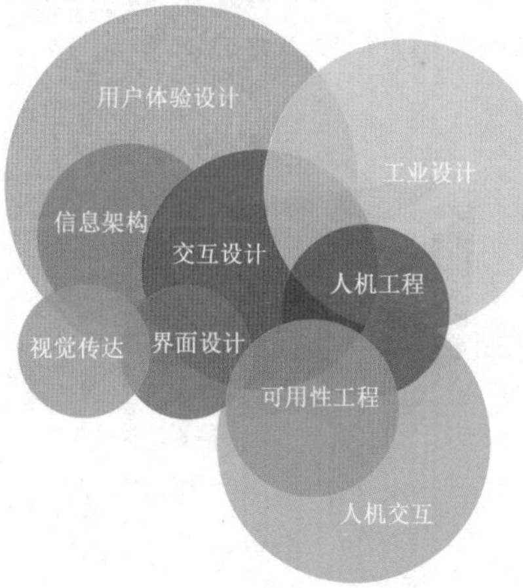

7.5.2 交互设计的分类

简单来说,交互就是两个实体之间的活动,

图7-31 交互设计的知识框架

这两个事物可以是人和机器,也可以是机器和机器。主流的理解是认为交互设计使技术特别是数字技术变得易用、可用,并在使用过程中充满了趣味性。但是广义的交互设计是指一种了解用户在使用产品时是如何操作、如何反馈,从而建立愉快的人机沟通方式。交互设计具有社会性,它通过提高人与机器的交互效率而促进整个社会中人与人之间的沟通和交互,如博客等社交软件的运用。

1. 狭义的理解

狭义的交互设计主要处理的是信息的交换,即用户给计算机输入信息,计算机通过后台的协议、知识、模型等对输入信息进行识别、处理,最后把处理结果作为对输入信息的反映,再次反馈给用户。人们通过不同的人机交互方式,实现和完成人向计算机输入信息及计算机向人输出信息的过程。图7-32为狭义的人机交互动态分析。

图7-32 狭义的人机交互动态分析

132

2. 广义的理解

广义的交互设计是指赋予产品设计的领域，涉及的产品非常广泛，从网站到桌面软件，从消费电子产品到机器人，从手机到计算机。这些产品可以是纯数字式的(如软件)或模拟式的(如机器人)、物质的(如电器)、非物质的(如手机界面)或者以上方式的组合。交互设计的产品越来越多地联结着某项服务。例如，通过自动柜员机进行现金存取，通过电商网站购买商品，都是交互设计与某项服务的联结。人们身边越来越多的服务活动通过虚拟交互实现，如图7-33至图7-38所示。对于目前的交互设计来说，服务设计已经是其中的一个重要部分。如微信的使用使人们的交流方式发生了改变。

图7-33 微信的图标

图7-34 手机的交互界面

图7-35 自动柜员机的交互界面1

图7-36 自动柜员机的交互界面2

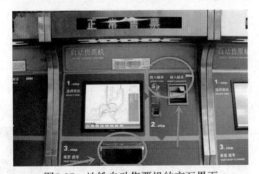

图7-37 地铁自动售票机的交互界面

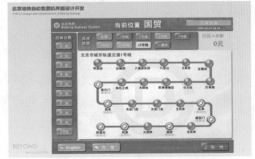

图7-38 地铁自动售票机界面设计开发

7.5.3 交互设计的任务

交互设计是以"在充满社会复杂性的物质世界中嵌入信息技术"为中心，努力去创造和建立人与产品及服务之间的联系。交互设计同样涉及系统的观点，也可以称为交互系统。交互系统设计的目标可以从"可用性"和"用户体验"两个层面进行分析，关注以人为本的用户需求。

133

　　交互设计的思维方式建构于工业设计以用户为中心的原则，同时加以发展，更多地面向行为和过程，把产品看作一个事件，强调过程性思考的能力，将流程图、状态转换图、故事板等作为主要的设计表现手段，更重要的是掌握软件和硬件的原型实现技巧、方法和评估技术。

7.5.4　人机交互设计的应用

　　人机交互设计是研究如何把计算机技术和人联系起来，使计算机技术最大限度地人性化。要做到这一点，就必须研究人的认知心理学、美学、心理学等学科知识与人的动作、行为之间的关系。在人机界面设计中，充分运用人们容易理解与记忆的图形(具象图形与抽象图形)与少量文字，以及运用色彩、静止的画面与动态的画面等，使人在操作计算机及计算机向人显示其工作状态的交互关系中，达到无障碍的沟通。也就是说，界面设计必须使用比过去更为复杂的人的感觉因素，在视觉、听觉等通道，以比喻、表达、认识、声音、运动、图像和文字等传递信息并感知信息。人机交互设计和工业设计有很多共同点，与工业设计一样，人机交互设计综合了工程、人机和市场的因素，对用户的问题提出解决方案。其最大的不同在于二者处理的材料不同：工业设计面对三维的造型材料，而交互设计面对的主要是计算机显示器。

　　人机交互要求在设计过程中，充分考虑人机界面的问题，从研究系统的输入设备、输出设备着手，运用系统的观点，分析用户在使用计算机的过程中所遇到的问题。通过对键盘、鼠标、屏幕等传统输入输出设备的改进和对手写板、语音输入等新方式的引入，彻底解决人机交互界面的实用性问题，提高人机交互的效率。人机交互从研究用户开始，通过分析用户的生理、心理特征，研究用户的使用习惯，解决人机交互过程中遇到的实际问题。

　　因而就必须动员设计师、心理学家、软件工程师等，进行表面上貌似简单、肤浅、杂乱，实则复杂、深刻、系统的设计工作。人机界面设计的原则，不是训练每一个人都成为操作计算机的专家，而是赋予计算机软件尽可能多的人性化。

　　随着5G大数据、人工智能、物联网等先进技术的快速发展，人与产品互联的时代已经到来。在如今人工智能快速发展的背景下，智能技术渗透到各种产品领域，甚至其已成为一门新兴的学科。

　　这种智能技术对各种产品的发展起到促进作用。尤其在汽车设计领域，新型的人机交互设计就成为各家车企研究的重点。汽车作为市场上比较复杂且需求量较高的消费产品之一，其内在属性也在悄然发生着改变，受到新技术的影响与冲击，传统汽车正慢慢从一个单纯的交通工具转变为一个包含各种复杂交互关系的设计对象。智能交互技术可以让汽车与用户进行连接，就像用户只需要随意地挥一挥手，就能挂断电话；将手指按照设定的方向旋转，就能调整收音机音量大小等。当然，这些只是汽车交互设计的"冰山一角"，它的未来发展方向必定是智能化、人性化、多样化的。因此，需要设计师发挥想象力，设计出更多有趣的交互方式。图7-39至图7-41为一些汽车的交互设计。

图7-39　汽车内部交互设计

图7-40 汽车交互空间　　　　图7-41 汽车新型操纵方式和交互模式

在人机交互学设计中，设计师不仅要考虑成本、速度、灵活性、可靠性，而且要考虑如何使设计的系统满足人的使用要求。人机交互学的唯一目标就是最大限度地满足用户的需求和期望。

交互设计的创新已经成为当代设计创新的核心内容。交互设计的重要性与日俱增，充分地证明当代设计的关注点已经开始转变，由传统意义上的物品设计转换为注重人与人、人与机器之间的交互方式；设计的内容由形态的、色彩的设计扩展到服务的、程序的设计。交互设计致力于了解各种目标用户和他们的期望，了解用户在与产品及系统交互时彼此的行为特性，了解用户本身的心理和行为特点，同时还包括了解各种有效的交互方式，并对其进行增强和补充。从本质上而言，交互设计的宗旨是突出与优化用户与系统、环境与产品之间的交互过程，从而保障交互的行为与结果符合用户的心理预期并满足人的需求。交互设计在一个可以设计出行为、情绪、声音与形状的虚拟世界里创造出更精彩而超乎想象的操作模式。对于所有同时具备数字与互动性质事物的设计，其目的是让它显得实用、令人渴望且容易使用。可以说，交互设计的意义在于帮助用户通过交互式产品创新性地实现交互活动。

7.5.5 操作习惯与手机交互方式的案例分析

自从智能手机在设计和功能方面发生重大变化以来，屏幕成为手机设计的关键要素，最重要的就是屏幕的大小和材质的选用。早期的智能手机屏幕很小，如今的智能手机大多具有对角线大至6.7英寸的屏幕。

屏幕尺寸是影响用户体验的重要因素，手机屏幕尺寸的设计对用户的使用满意度具有很大的影响。较小的屏幕尺寸可能会导致信息展示不完整，用户要频繁进行滚动或缩放操作，这样会降低用户的使用体验度；而较大的屏幕尺寸可以提供更充分的内容，展示更多的文字和图像内容，使用户更好地浏览信息，如图7-42和图7-43所示。

图7-42 用户在使用不同尺寸手机时的手指握持位置　　　图7-43 不同型号采用不同的屏幕尺寸

以iPhone 14和iPhone 14 Plus手机为例，这两款手机的屏幕尺寸分别为6.1英寸和6.7英寸，如图7-44所示。手机屏幕采用了最新的OLED技术，可以显示更高的亮度和更鲜艳的色彩饱和度，完全呈现出更生动和更真实的图像。此外，该手机的屏幕还将边框设计得非常窄，几乎占据了整个手机前面板，形成了全面屏设计，如图7-45所示。

iPhone 14　　iPhone 14 Plus
6.1 英寸³　　**6.7 英寸³**

图7-44　两种屏幕尺寸

图7-45　iPhone 14屏幕与背面设计

如图7-46所示，通过观察可看到，超过40%的用户没有通过按键或屏幕输入数据与手机进行交互。22%的用户在进行语音通话，18.9%的用户在进行一些被动活动——主要是听音乐或看视频。在以上数据中，只有用户把手机贴在耳边的交互行为，我们才认为他们是在打电话，所以把一些打电话的用户记录到被动活动的数据中。观察那些与手机进行交互的用户，无论是操作触屏或是手机按键，主要使用以下三种基本的方式：单手使用，49%；双手环握，36%；双手使用，15%。

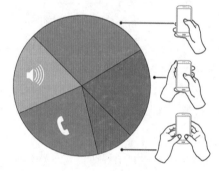

图7-46　用户持握手机并与之交互的汇总图

人们在使用手机时，大多数人都是使用单手操作触屏的，但是使用其他方式的人也有很多。即使相对来说最少的双手使用方式，所占的比例也不小，所以也应该在设计中考虑到这种情况。

下面分别介绍和展示这三种持握方式下更为详尽的细节和图例，以及对于人们为什么会使用这些持握方式而提出一些观点。

如图7-47所示，手机屏幕上的图形展示了大致的可触范围，不同颜色分别代表定义的不同区域。绿色表示该区域是用户可以很轻松操作的，黄色表示该区域需要用户进行一些手势的屈伸，而红色表示该区域用户需要变换手持方式才能够触及。当然，这些区域只是近似值，会随着个体的差异而变化，而且也与用户持握手机的具体方式和手机的尺寸有关。

1. 用户在使用中切换手机持握方式

用户并不是以一成不变的方式来持握手机，而是经常在几种持握方式之间切换。这似乎与用户切换使用手机时的任务有关，可以通过点击、滑动还有输入这些手势行为来判断出用户使用手机时的任务。在观察中，我们也发现用户有这样的操作：用单手持握的方式进行滑动浏览，然后通过另一只手的辅助来触及更多的区域，接下来切换成双手持握或是环握进行输入和操作，之后又切换回单手持握进行浏览。类似这样的交互行为十分常见。

1) 单手使用

虽然单手持握使用手机是很简单的情况，然而这在总数中占比49%的单手用户们却是以各种各样的姿势来持握手机的。如图7-47所示，图中展示了两种常用的单手使用手机的姿势，习惯左手操作者则与图示相反。

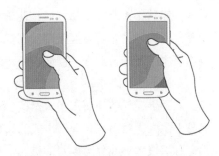

需要注意的是，在右图中拇指的关节位置高一些。有些用户会通过他们需要触碰的区域来决定手势。例如，用户通过改变持握手机的位置，可以将触摸区域上移，从而更容易触摸到屏幕的顶端。

图7-47　两种单手持握手机的姿势

在单手使用中，使用右手拇指操作的占比67%，使用左手拇指操作的占比33%。

单手使用的情况与用户正在持续地做另一件事情高度相关。单手使用中有很大一部分用户都同时在处理一些其他任务，如提着包、抓着扶手、爬楼梯、开门或是抱着婴儿等。

2) 双手环握

环握定义为用户同时使用了两只手持握手机，但仅用其中一只手进行操作，如图7-48所示。在总数中占比36%的环握用户使用了以下两种不同的方法来操作手机，如拇指或其他手指。双手环握方式比单手使用提供了更多的支持，用户可以有更大的自由度进行操作。

如图7-48所示，在环握使用中，使用拇指操作占比72%，使用其他手指(主要为食指)操作占比28%。拇指操作，其实就是在单手操作的基础上增加另一只手来辅助握住手机。占比例相对小的用户，他们使用的第二种环握方法：用一只手握住手机并且用另一只手的食指进行操作，这与触控笔的使用十分相似。

在环握使用中，左手握着手机占比79%，右手握着手机占比21%。有趣的是，用户经常在单手使用和环握使用之间切换姿势。例如，当他们在路边行走或是在拥挤的人群中使用手机，会切换持握方式，但有时也是为了扩展触摸区域，如操作一些单手难以触到的内容，也会切换为双手环握的方式。

3) 双手使用

双手使用手机的情况占比15%。如图7-49所示，用户用手指支撑手机，然后用两个大拇指来提供输入，就像他们在使用实体键盘一样。

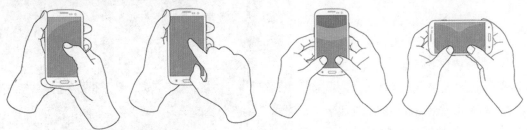

图7-48　双手环握的两种方法　　　　　　图7-49　两种模式下的双手使用

在双手使用中，垂直向握着手机，使用竖屏模式，占比90%；水平向握着手机，使用横屏模式，占比10%。

用户也经常在双手使用和环握使用之间切换，用两个拇指来输入，然后不再双手使用，而是使用环握方式中的一个拇指进行交互。然而，并非所有拇指用法都仅限于输入，有些用户似乎比较习惯用拇指进行点击。例如，用户用右手的拇指滑动屏幕，然后用左手的拇指点击某个链接。另外，值得注意的是垂直方向，或者说竖屏模式的使用占了大量的比例——虽然横屏下的大键盘更易于输入。然而，其中划出式的物理键盘所强制带来的横屏使用也占了很大一部分。持握手机通常都是垂直向的，但是双手使用中的横屏模式比较低。图7-50为手机屏幕触摸频率分布。

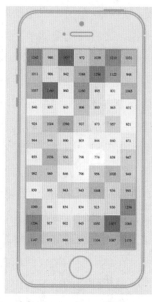

图7-50　触摸频率分布

2. 总结手机屏幕交互的设计要点

（1）手机界面设计应遵循简洁明了的原则。用户在使用手机时需要快速获取信息并进行操作，因此，在设计过程中应尽量减少不必要的元素，突出核心内容，使界面清晰易懂，如图7-51所示。

（2）注意使用场景路径触发的连贯性。场景路径是一种基于用户目标或意图的导航路径，它可以根据用户的需求和上下文来确定最佳的操作流程，在使用时要定义明确的目标和场景，创建一致的导航，提供明确的提示和引导，考虑用户流程和操作顺序等，如图7-52所示。

图7-51　操作界面简介

（3）当下手机屏幕尺寸越来越大，给人们的单手操作带来不便。不少App针对单手操作提供了更加便利的手势交互，如可以设计成单手轻松缩放的交互方式，让用户能够轻松使用。以运用"高德地图"App为例，对于地图的缩放提供了多种手势操作应对不同的场景：常规场景下两指拖动缩放；单手场景下双击可按一定比例放大地图，而双击滑动则可无缝缩放地图，彻底解决单手操作缩放地图的不友好问题，如图7-53所示。

图7-52　屏幕交互场景路径的连贯性

(4) 如今使用手机全屏观看电影已成为人们的休闲娱乐方式之一。单手快进快退一些影视 App的全屏播放状态,基本形成了一套完善的交互操作系统,通过左右滑动、上下滑动,以及区域长按等操作实现亮度、音量、快速进退和速率播放等功能,借助手势的作用帮助用户尽可能地在单手状态下快捷实现基本操作,如图7-54所示。

图7-53 单手操作"高德地图"App

图7-54 单手操作视频快进

(5) 折叠屏手机可以在展开时提供更大的屏幕空间,可以更好地进行多任务处理。例如,同时打开多个应用程序、拖放文件等。在使用时,用户可以采用折叠屏幕,一边看视频,一边聊天,或者一边浏览网页,一边编辑文档,如图7-55所示。

(6) 利用叠屏手机所支持的悬停模式,可以将屏幕折叠到一定角度,然后将应用程序停留在屏幕的一半区域,另一半区域可以进行视频观看或浏览界面等。例如,用户可以将屏幕折叠到一定角度,然后将一半区域按照不同角度进行拍照,增加了手机操作的体验感,如图7-56所示。

图7-55 华为折叠屏手机

图7-56 手机屏幕悬停模式

7.6 可穿戴设备

7.6.1 可穿戴设备的定义

可穿戴设备即直接穿在人体身上,或是整合到用户的衣服或配饰的一种便携式设备,它集电子计算机的智能化技术,并与生活中的衣物、配饰融为一体,具有便携性、智能性、亲和性、交

互性的特点。可穿戴设备由于具备智能化的
特点，也被称作智能可穿戴设备，是以人体
为载体，实现对应多种功能的智能化电子设
备，其与用户的交互形态主要基于人体功能
和设备配置功能配合实现。配备功能主要运
用了物联网、云计算、蓝牙等智能技术。

可穿戴设备不仅是一种硬件设备，更
是通过软件支持、数据交互、云端交互来
实现强大功能的设备，它是物联网技术逐
渐落地后的产物，可实现一切互联、无缝
互通的景象，因而成为继智能手机之后未
来智能设备领域的创新亮点之一，并且跟
随互联网发展的大潮流，发展迅速。图7-57
至图7-59为部分可穿戴设备。

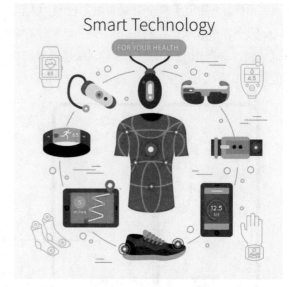

图7-57　可穿戴设备1

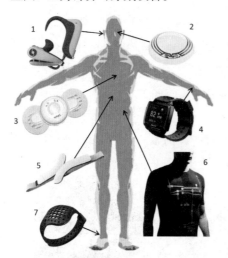

图7-58　可穿戴设备2

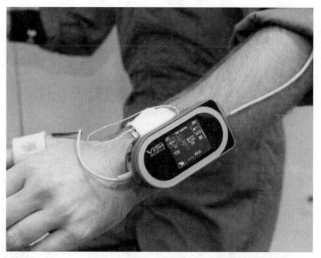

图7-59　可穿戴智能监控医疗器械

7.6.2　可穿戴设备的发展

下面简单回顾可穿戴设备的发展历程。在手机出现的初期，功能机传统的按键布局、单
一的功能应用使用户只能打电话、收发短信和彩信，随手拍几张照片就心满意足了，图7-60和
图7-61为传统功能手机及其人机界面。而随着科技的进步，厂商对市场的需求分析、自身产品
研发能力的提高与消费者对数码类产品的消费欲望的提高，智能手机的出现几乎完全取代了功
能机，除了基本的功能外，其强大的功能扩展性、易用性、前瞻性使它注定会发展得更好、更
完善。智能手机也可以看作一个智能移动终端设备，它所实现的一切都基于五花八门的App，
如果说没有这些App的支撑，智能手机的用途将大打折扣。智能手机在App的配合使用下已经
普及全球范围，庞大的产业链甚至可以影响全球经济，厂商之间的博弈越发激烈，消费者的选

择面也更加广泛。

图7-60　传统功能手机　　　　　　　　　图7-61　传统功能手机人机界面

在智能手机的分支下，一个全新的领域诞生了，它就是智能穿戴设备。如果没有发展成熟的智能手机，也就不会有智能穿戴设备出现了，因为目前相对成熟的智能手表与智能手环都离不开智能手机的辅助。

2012年，索尼(Sony)与Pebble公司已推出智能手表，谷歌公司也已发布智能眼镜。当时也是安卓智能机的第一个发展期，iPhone手机已经大行其道，因此，当时安卓智能手机厂商与苹果公司的竞争已经非常激烈了，但传统大厂对智能穿戴设备并没有太多的动作，而到了2013年智能穿戴设备才逐渐兴起。除了专注智能穿戴设备的厂商外，像一些有核心专利技术的厂商也加入可穿戴设备的市场竞争中。图7-62和图7-63为高通公司2013年推出的智能手表，此手表采用了高通自家的处理芯片，最大的亮点在于将Mirasol屏幕加入其中。

图7-62　高通智能手表设计

图7-63　智能手表的人机交互界面设计

知名手机厂商三星(SAMSUNG)公司也于2013年9月推出了第一代智能手表Galaxy Gear，这代表正式打开了智能手机与智能手表的联结互动性，随后索尼公司也紧随其后发布了第二代智能手表Smart Watch2，并延续了其Z系列智能机的设计语言与三防功能，在智能手表方面目前更多的是趋向于配合智能手机使用，由智能手机发出信号与功能请求，让智能手表接收并实现，人们只需佩戴手表即可操作平常手机上的功能。

苹果公司一直以来走在创新的前沿，致力于将身边的常见配饰融入智能技术，使其可穿戴在身上。苹果公司的创新产品，构建成苹果智能产品生态圈。从一开始的Air Pods、Apple Watch，到最近火热的Apple Vision Pro，可见苹果公司是真的希望用户能够把苹果的设备穿在身上的。

2023年6月6日，在一年一度备受大家关注的苹果全球开发者大会上，苹果公司发布了最新的头显设备。对于整个AR/VR行业，或者"元宇宙"行业来说，苹果MR眼镜会是真正开启"元宇宙"时代的新钥匙。该产品被命名为Vision Pro，外观上模拟滑雪镜的形态与佩戴方式。用户可通过眼睛、手势和语音进行控制。除了提供AR体验外，Vision Pro还能通过对一个旋钮的控制，完成在增强现实和全虚拟现实之间任意切换，为用户带来更加具有创新性的沉浸式体验，如图7-64至图7-66所示。

图7-64　苹果智能头显

图7-65　苹果智能头显操作界面控制

图7-66　苹果智能头显内部设计

7.6.3　可穿戴设备的特点

可穿戴设备相比于传统的电子设备，具备以下几个重要的特点。

1. 穿戴在身体上

顾名思义，可穿戴就是指可以穿戴使用，所以这类产品都可以穿着或佩戴在身体上，同时又要求不能对用户的正常行为操作造成影响。

2.智能化

这种设备要有先进的信息收集与处理系统，能够对采集的信息进行独立处理。

3.便捷性

可穿戴设备相比于传统意义上的移动设备，不仅携带更加便捷，在使用上也更加简单方便，用户可以通过自然动作实现对它的操作，如眨眼拍照、点头录音等。

4.美观时尚

可穿戴设备往往是以取代传统身体配饰的角色出现的。例如，Apple Watch取代传统手表，Life BEAM智能头盔取代传统自行车头盔。

5.增强人体能力

随着可穿戴技术和云计算技术的发展并趋于成熟，可穿戴设备可以将其强大的计算能力赋予人体，将这种能力变成人体能力的一种衍生，这是其他电子设备难以实现的目标。

7.6.4　可穿戴设备的分类

可穿戴设备一般按照佩戴方式与佩戴部位进行分类，主要可以分为头戴式、腕带式(手腕和脚腕)和身穿式三大类，下面分别对这三类产品的代表产品和特点加以分析。

1.头戴式设备

头戴式设备是穿戴于使用者头部或面部的智能电子设备，由于是穿戴于人体最显著的位置，所以此类设备一般具备小而强大、实时采集数据并反馈，以及作为时尚装饰品的特性。

一些设计师希望通过智能头盔设计减少交通肇事。图7-67中的设计为骑自行车的人配备了一套自己的空间感知技术，以避免发生事故。这款名为savAR的自行车智能头盔，装载了增强现实和人工智能组件，使传统的头盔保护方法变得更加神奇。运用智能软件和AR波导技术，使骑行者对拥挤的街道和附近其他驾车者更加关注，以免发生碰撞。360°摄像头视技术能够计算出骑行者在与障碍物发生碰撞的危险，以提前告知骑行者。头盔通过AI计算，可以提供音频和视频预警。此外，屏幕还具备行车记录仪功能，以便事后调取视频证据，如图7-68所示。

图7-67　智能头盔透视图　　　　　　图7-68　智能头盔背部设计

虚拟现实与增强现实应用在可穿戴设备上属于沉浸式技术的范畴，相较于传统的人机界面技术，它们更加关注人们感官的实际感受。用户经由头戴式显示器来实现沉浸式的感官感受，

143

大量的虚拟与现实环境的信息必须即时与使用者交互并反馈，这需要高效能的运算能力来实现。未来，虚拟现实与增强现实将搭配多样的可穿戴设备提升其沉浸式感官感受，如图7-69和图7-70所示。

图7-69　智能VR可穿戴设备1　　　　　图7-70　智能AR可穿戴设备2

2. 腕带式设备

腕带式设备是指佩戴于手腕、手臂或脚腕的智能电子设备，它也是当前可穿戴电子产品市场最活跃的产品类型，由于其佩戴使用方便、外形小巧、价格亲民等特点，具有很好的市场前景，如小米的智能手环、苹果的智能手表等，从一推出就受到消费者的青睐，如图7-71和图7-72所示。

图7-71　小米智能手环　　　　　图7-72　苹果智能手表

智能手环和智能手表的优势非常明显，如小米智能手环和苹果智能手表的热销，因为它们可以跟踪用户日常活动、睡眠质量、饮食习惯、运动消耗卡路里指数等，这类智能手环和智能手表以新颖的外观设计吸引了不同年龄层次的消费者，无缝隙地融入了人们现实生活中，让那些在意自身健康状态、热爱运动的人又多了一个随身好帮手。

这类产品特征分析如下。

(1) 显示屏较小或无显示屏。

(2) 记录使用者的健康数据。

(3) 一般与肢体行为动作相关。

(4) 可与其他移动终端配合使用。

图7-73为苹果智能手表界面设计。

图7-73　苹果智能手表界面设计

智能手环经过几代的更新发展，如今功能已经相当强大，以小米手环为例，它包括运动计步、睡眠监测、来电提醒、智能闹钟等功能。凭借精确的传感器技术，手环监测用户手臂的摆动和脉搏，进而判断出用户的运动特征或睡眠状态，然后借助蓝牙技术与手机App相连，将数据上传至手机进行分析并反馈给用户，让用户实时了解自己的身体健康状况。如图7-74所示，智能手环可以监测用户的心率，并上传到手机。

图7-75至图7-77为苹果智能手表设计。人们一开始对"方形手表"存在看法，很多人对着效果图抱怨它为什么不是圆的，而随着时间的推移，多数人已经接受了它的样子，并且接受程度随着时间的推移逐渐变高，尤其是年轻的用户群体，很多人甚至认为这是苹果智能手表区别于其他厂商的独特设计。这种方形外观设计是从功能上考虑的，苹果公司的设计师认

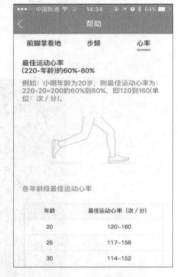

图7-74　监测身体数据

为方形屏幕更便于阅读列表式的通知，所以它的全部UI(用户界面)或按键布局都基于方形屏幕设计；另外，这个设计也有出处，苹果智能手表最终的形状源自1904年的卡地亚Santos手表系列，这或许可以帮助苹果证明，高端手表也是有方形的。

严格来说，苹果智能手表不是一款产品，而是三个系列的多款产品，每个系列又有38mm与42mm两个不同尺寸，以及多种颜色、不同材质与样式的表带选择，这让它成为苹果公司历史上最多样化的产品。苹果智能手表工艺细腻，不锈钢表壳、蓝宝石水晶镜面和氧化铬三种材料被极好地融合在一起，机身的每一处都被打磨得极为细腻。方形机身的每个边角或零件结合处都被处理成了弧线，摸上去手感温润，并让它看上去比实际更小一些。虽然苹果智能手表的每一款材质都有所不同，但是外观和部件的位置保持一致，它们的机身右侧都是数码表冠，用于翻页、放大，或调出等操作，下面的长条状侧边按钮在不同情境下有作用，如长按开关机或单击调出常用联系人等；两个按键的触感都非常好，数码表冠虽类似传统手表，但它可以无限旋转，轻微的阻尼感获得操作和精准的良好平衡，两颗按键都有向内侧按压的操作，力度适中，向内侧面按的时候不会令手表产生很大扭曲。苹果智能手表的屏幕尺寸一般以1.5英寸为

主流，想象一下在1.5英寸屏幕上双指缩放的情形，需要手指像铅笔一样精准，否则一个手指就已经遮挡住大半屏幕。为了给小屏幕带来更好的使用体验，苹果智能手表的很多交互方式与手机完全不同。苹果公司擅长将硬件和系统两个方面进行融合。在硬件方面，黑白小屏幕手机时代索尼和飞利浦有过类似装置，通过转动和点击进行不同的交互操作，加入它主要是因为在如此小的屏幕上进行双指缩放很难，此时一个物理按键会大幅提升效率，旋转即可进行放大或翻动的操作，以弥补操作时遮挡屏幕的问题。

图7-75 苹果智能手表设计1

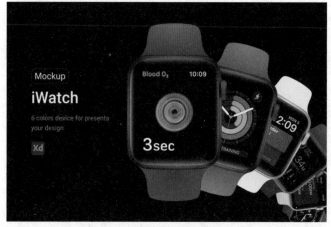

图7-76 苹果智能手表设计2

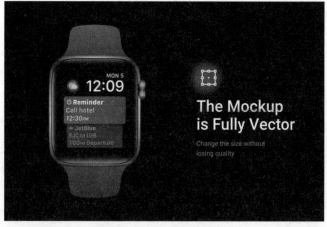

图7-77 苹果智能手表设计3

3. 身穿式设备

身穿式设备是可直接穿戴在人体躯干上的电子设备，如Vibrado可穿戴式袖套、耐克运动鞋等，此类产品一般体积较大、高度智能化并且造价较高。

产品举例：Vibrado可穿戴式袖套，如图7-78所示。

此类产品特征如下。

(1) 显示屏较小或无显示屏。

(2) 可直接穿在身体上。

(3) 与使用材料关系密切。

(4) 可作为衣物穿着。

Vibrado可穿戴式袖套是美国Vibrado公司为篮球运动员开发的一款智能化袖套，袖套前臂和手上都装有传感器，可以精确捕捉运动员的投篮状态、姿势、出手速度等数据，然后借助配套的应用程序对训练数据进行统计。

图7-79为一款智能叉子，该设备能让使用者知道自己吃东西时有多快，帮助使用者养成正确的饮食习惯，提高消化能力和减肥效果。它是通过触碰叉子和触碰嘴巴之间的时间来判断使用者进食的速度，如果速度过快，它会振动和通过提示灯闪烁来提示使用者应该放慢吃饭的速度。它可以跟踪使用者在吃每顿饭的时候，每分钟将食物放进嘴里的次数，并记录开始和结束这顿饭花了多长时间，有2段速度级可以选择：间隔10s或20s。使用者可以通过连接手机、计算机等设备，清楚地看到最近一段时间进食速度的详细情况。通过数据线，可以连接计算机进行充电。

图7-78　Vibrado可穿戴式袖套

图7-79　智能餐具

7.6.5　可穿戴设备中的人机交互

由于可穿戴设备是穿在用户身上的，所以其人机交互属性与传统的电子产品设备等存在着很大的不同。可穿戴设备从设计的角度来说，需要考虑得更多，如设备的舒适性、安全性、交互便捷性、信息传达的准确性、使用的耐久性，以及设备穿戴方式等，这些都对可穿戴设备的人机交互性设计提出了很高的要求。

由于可穿戴设备一般是在生活中为人们提供多种辅助功能的，因此，为了全面满足用户的需要，可穿戴设备的交互应该是多通道的。人机交互中的通道是指在人类和计算机之间进行信息交流的多种方式，即多通道交互方式。

多通道交互方式是指可穿戴设备感知用户表达的信息，并通过多种形式表达反馈，分为输入和输出两种通道类型。输入通道是指人通过一系列动作手势将目的表现出来，被设备记录并分析，然后转换成设备可接受的信息，这就形成了一个输入通道。输入通道主要关联人的运动通道，如手、眼、口、头等。反之，输出通道是指将设备发出的反馈信息通过转换变成人可接受的一条通道。输出通道主要关联人的感觉通道，如视觉、听觉、触觉等。在可穿戴设备中，使用多通道交互方式可以提高信息交互的效率，使操作更加方便，如图7-80所示。例如，佩戴谷歌眼镜的用户，可以通过眨眼或语音控制拍照，通过轻触镜架上的触摸板可以进行菜单和内容的导航等。

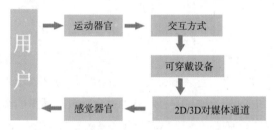

图7-80　可穿戴设备的多通道交互方式

7.6.6　可穿戴设备的界面交互原则

1. 简化输入原则

可穿戴设备的尺寸存在限制，这就要求其输入方式必须非常简洁，因此，采用线性的交互逻辑要比树状的交互逻辑更加方便和高效。这一设计理念在早期的移动设备中已经有广泛而深入的运用，即便在如今大屏幕高性能手机等移动设备普及的情况下，线性、重复性的交互逻辑仍然对保证产品设备交互行为的简单性有至关重要的作用。

2. 兼顾场景原则

可穿戴设备的特点决定了其使用场景的多变性与灵活性，因此，交互设计中强调的场景与故事板在可穿戴设备的界面设计中显得尤为重要。一个优秀的可穿戴设备必须考虑到用户在不同场景下使用产品的真实感受，在进行界面设计时运用场景设定，不但可以提高系统开发方向的准确度及用户对产品设计的满意度，还可以将整个产品应用过程情景化，帮助设计师对设计进行有效的再分析和深度评价。

3. 一级菜单原则

减少层次性的选择菜单，尽量在第一级菜单就将功能呈现给用户。在条件允许的情况下，可以结合语音输入来降低手势输入的复杂程度。这在Apple Watch中就有很好的体现，用户在首页就可以找到自己需要的功能命令。屏幕尺寸受限是可穿戴设备的特点，而信息呈现又主要是在屏幕上进行显示的，那么不可避免地需要页面跳转。每跳转一次页面，都会损失用户流量，当层次深度过多时，用户体验不好更会损失用户量。所以应尽可能采用扁平化处理信息呈现方式。具体来说，可以将具有并列层次的信息在一个用户界面中显示，以减少页面之间的跳转；同时在界面中使用快捷通道，为不同级的常用页面间的跳转增加快捷通道，以有效减少页面跳转次数。将关键功能与信息展现于第一层级，有助于提升用户的使用效率，为用户带来更好的使用体验。

4. 一致性原则

可穿戴设备的界面设计应该保持一致性，这种一致性可以参考智能手机界面设计的规范，主要运用在同一品牌的不同终端之间。例如，Apple Watch界面设计与iPhone、iPad等苹果产品的界面保持一致性。

具体来说，这种一致性包括相似的界面风格、布局、交互流程等。色彩是确定界面风格的重要元素，也是人类易于识别的元素，将不同色彩在风格中的比例确定，在很大程度上能体现界面的一致性。布局一致性主要是指不同功能模块在一个页面的分配，不同设备虽然不太可能保持完全一样，但要在符合原交互规则的同时尽量保持界面一致性，至少让用户不要对同一产品因为换了终端就不使用了。可穿戴设备的输入方式不同于传统的电子设备，因此其交互方式也会有所不同，但是要保证交互流程的一致性，同一级的页面也不应有太大差别，避免用户的误识别与误操作。

从宏观来看，可穿戴设备是人类科技发展到一定程度的必然成果。随着互联网科技和传感器技术的不断进步，可穿戴设备和其他智能电子设备之间建立了更多联系，既有利于可穿戴设备的信息采集，也为交互设计提供了发挥作用的空间。同时，可穿戴设备的界面设计要遵循交互设计的原则，并且可以借鉴智能手机等设备的设计历程，推动可穿戴设备不断推陈出新。